TRAITÉ DE CHIMIE

ÉLÉMENTAIRE, THÉORIQUE ET PRATIQUE,

SUIVI D'UN ESSAI SUR LA PHILOSOPHIE CHIMIQUE

ET D'UN PRÉCIS SUR L'ANALYSE.

Par M. le Baron L. J. THENARD,

ATLAS.

PARIS.

CROCHARD, LIBRAIRE-ÉDITEUR,

PLACE DE L'ÉCOLE-DE-MÉDECINE, N. 13.

1835.

IMPRIMÉ CHEZ PAUL RENOUARD, RUE GARANCIÈRE, 5.

DESCRIPTION,

PAR ORDRE ALPHABÉTIQUE,

DES USTENSILES ET DE TOUS LES AGENS MÉCANIQUES

QUE L'ON DOIT SE PROCURER DANS UN LABORATOIRE DE CHIMIE,

ET EN GÉNÉRAL

DES DIVERS APPAREILS QUE REPRÉSENTENT LES PLANCHES DE L'OUVRAGE.

ALAMBIC. — Vase de cuivre ou de verre dont on se sert pour distiller les liquides et les substances volatiles contenues dans quelques solides. Les alambics de cuivre sont presque les seuls employés.

Planche première, fig. 1, 2, 3, pièces qui composent les alambics de cuivre.

Fig. 1re, A, espèce de chaudière en cuivre étamé, appelée *cucurbite,* destinée à contenir les matières à distiller.

E, ouverture ou tubulure latérale servant à introduire les liquides dans la cucurbite A.

FF, rebord de la cucurbite.

GG et CC, anses et gorge de la cucurbite.

Fig. 2, P, couvercle creux en étain appelé *chapiteau,* portant latéralement un tuyau conique gg, légèrement incliné, qui reçoit le nom de *bec*.

bb, partie inférieure du chapiteau, s'emboîtant dans la gorge CC de la cucurbite.

ee, ff, portion du chapiteau, creuse extérieurement, que l'on remplit d'un corps peu conducteur du calorique, par exemple, de charbon pilé, pour empêcher que les vapeurs ne se condensent dans cette partie et ne retombent dans la cucurbite.

I, ouverture servant à introduire les liquides dans l'intérieur de l'alambic lorsqu'on distille au bain-marie.

h, anse du chapiteau.

Fig. 3, serpentin composé d'un seau en cuivre étamé SS, et d'un tuyau $C c'c''$ en étain, contourné en spirale, et fixé dans le seau SS au moyen de trois montans en cuivre étamé MM, etc.

C, extrémité du tuyau $Cc'c''$, s'adaptant au bec gg du chapiteau P.

d, robinet servant à vider l'eau contenue dans le seau SS.

LL, anses du serpentin.

Lorsqu'on veut se servir de l'alambic pour distiller un liquide, par exemple de l'eau, on dispose la cucurbite A, *fig.* 1re, dans un fourneau à cheminée latérale, de telle sorte qu'elle y soit enfoncée jusqu'à son rebord FF; on la remplit environ jusqu'aux trois quarts d'eau ordinaire, et on y ajuste le chapiteau P, *fig.* 2; ensuite on fait rendre le bec gg du chapiteau dans l'extrémité supérieure C du tuyau $C c'c''$ du serpentin, *fig.* 3, et l'on reçoit l'extrémité c'' du même tuyau dans un récipient de verre, de porcelaine ou de grès, destiné à contenir l'eau distillée.

L'appareil étant ainsi disposé, on ferme avec un bouchon de liège les ouvertures E de la cucurbite et I du chapiteau; on remplit d'eau froide le seau SS du serpentin, et l'on fait du feu sous la cucurbite : l'eau ne tarde point à entrer en ébullition; les vapeurs aqueuses se rendent d'abord dans le bec gg du chapiteau, et de là dans le tuyau $C c'c''$, où elles se condensent par l'effet de l'eau froide contenue dans le serpentin; l'eau condensée vient se rassembler dans le récipient destiné à la recevoir, tandis que les matières fixes restent au fond de la cucurbite A.

Il est essentiel d'entretenir l'eau du serpentin constamment froide pendant l'opération, pour condenser entièrement les vapeurs. L'on doit aussi, après s'être servi quelque temps d'un

1

alambic, avoir l'attention d'enlever le dépôt qui s'est formé au fond de la cucurbite : autrement celle-ci ne tarderait pas à se trouer.

La distillation des substances que l'on ne doit soumettre qu'à un degré de chaleur inférieur à celui de l'eau bouillante, et en général la distillation des liquides très volatils, s'opèrent souvent au moyen de l'alambic précédent, auquel on adapte un vase cylindrique d'étain, *fig.* 4, portant deux anses *ee*, et qu'on nomme *bain-marie*. On dispose à cet effet dans un fourneau, comme nous venons de le dire, la cucurbite *A*, *fig.* 1re; on y fait entrer jusqu'à son rebord *ee* le bain-marie, *fig.* 4, contenant la matière à distiller; on recouvre ce bain-marie du chapiteau *P*, auquel on adapte le serpentin, et on met de l'eau dans la cucurbite par l'ouverture *E* : on opère, du reste, à la manière ordinaire. Il faut avoir soin de remettre de l'eau dans la cucurbite à mesure qu'elle s'évapore, et de ne point fermer entièrement l'ouverture *E*, afin de laisser une issue à la vapeur.

La forme de l'alambic de cuivre que l'on vient de décrire diffère beaucoup de celle des anciens alambics : dans ceux-ci le chapiteau était conique, entouré d'un réservoir d'eau froide, et terminé inférieurement par une gouttière qui recevait le liquide condensé, lequel se rendait, au moyen d'un bec, dans le serpentin, et de là dans le récipient.

Cette forme était, comme l'on voit, très vicieuse, parce qu'une partie de l'eau condensée dans la partie supérieure du chapiteau retombait dans la cucurbite, et occasionait une perte considérable de temps et de combustible : aujourd'hui ces sortes d'alambics ne sont presque plus employés.

Lorsque l'on veut utiliser toute l'eau du serpentin, il faut, au lieu d'employer celui qui est représenté *pl.* 1, *fig.* 3, se servir du serpentin ou réfrigérant que l'on voit *pl.* 4, *fig.* 8, et qui consiste en un tuyau *ooooo*, enveloppé de tuyaux plus larges *ccccc*, qui communiquent entre eux par les intermédiaires *d*. On verse l'eau qui opère la condensation de la vapeur dans l'entonnoir *a*; elle se rend en *b* dans le tuyau extérieur le plus bas *ccc*, passe de ce tuyau par le tube intermédiaire *d*, dans le deuxième tuyau extérieur *ccc*, etc., puis dans le tuyau supérieur, d'où elle sort très chaude et presque bouillante en *c*.

Alambic de verre. — Les alambics de verre diffèrent beaucoup, par la forme, des alambics de cuivre; ils sont formés de deux parties, de la cucurbite *A* et du chapiteau *C*, lequel est terminé par une rigole *DD* qui se rend dans un bec *E*, *pl.* 1, *fig.* 6. Tantôt le chapiteau et la cucurbite sont d'une seule pièce : dans ce cas, le chapiteau porte une ouverture *h* (*fig.* 5), par laquelle on introduit la substance à distiller, et que l'on bouche ensuite; tantôt ils sont de deux pièces : alors le chapiteau *C* ne porte point d'ouverture supérieure, et s'adapte à la cucurbite. (Voy. *fig.* 6.)

Les alambics de verre s'emploient ordinairement au bain de sable. Le liquide porté au degré de l'ébullition dans la cucurbite *A*, vient se condenser contre les parois du chapiteau *C*, se rassemble dans la rigole *DD* qui le termine, et de là se rend, par le bec *E*, dans un récipient.

Alcalimètre. — *Voy.* 5e volume, analyse chimique.

Alonge. — Espèce de cône tronqué, renflé vers sa partie moyenne, *pl.* 1, *fig.* 7. On l'emploie pour éloigner le récipient du feu. Pour cela, on adapte l'extrémité *A* de l'alonge au col du vase distillatoire, et on fait rendre l'extrémité *B* dans le récipient (Voy. *pl.* 17, *fig.* 1). Les alonges de verre sont celles dont on fait le plus d'usage : on emploie rarement des alonges de grès ou de cuivre. Quelquefois l'alonge est recourbée à son extrémité, *fig.* 8.

Appareil de compression pour rendre l'eau lumineuse, *pl.* 12, *fig.* 12. — *Voy.* Eau, t. 1, p. 233.

Appareil de déplacement ou filtre d'une forme particulière, dont on se sert pour traiter à froid les matières pulvérulentes par des liquides très volatils, par exemple, la noix de galle par l'éther, *pl.* 18, *fig.* 3.

bb, carafe.

aa, alonge très étroite dont l'extrémité inférieure est reçue dans la carafe. Cette extrémité doit être usée à l'émeril sur le col de la carafe, de manière à faire bouchon fermant bien, ou être adaptée à un bouchon de liège ordinaire.

cc', tube de verre creux, entouré inférieurement de coton. Il sert, d'une part, à livrer passage à l'air de la carafe, à mesure que celle-ci se remplit, et d'autre part, à filtrer la liqueur par le coton dont il est entouré. Ce tube est représenté isolément, *fig.* 4.

e, bouchon de verre.

Le tube de verre entouré de coton étant placé comme on le voit, *fig.* 3, on met dans l'alonge une certaine quantité de la poudre que l'on veut traiter par le liquide volatil; par exemple, on la remplit à moitié de noix de galle pulvérisée, lorsqu'on veut extraire l'acide tannique par l'éther, on verse ensuite de l'éther presque jusqu'au haut du tube creux *cc'*; puis on bouche la carafe, et l'on abandonne l'appareil à lui-même. Si les bouchons ferment bien, on ne perd point d'éther; on en perdrait au contraire notablement, si on les supprimait.

Appareil pour l'analyse de l'air par le mercure, *pl.* 16, *fig.* 9. — *Voy.* Air atmosphérique, t. 1, p. 207.

Appareil pour l'analyse organique, *pl.* 20. — *Voy.* Analyse organique, t. v.

Appareil pour l'inflammation de l'amadou, de l'huile, etc., dans le gaz oxigène et dans l'air par une forte compression, *pl.* 12, *fig.* 11. — *Voy.* le 5e volume.

Appareil pour la décomposition de l'ammoniaque par l'étincelle électrique, *pl.* 17, *fig.* 3. — *Voy.* Ammoniaque, t. 1, p. 422.

Appareil pour la décomposition de l'eau par le fer, *pl.* 13, *fig.* 3. — *Voy.* Eau, t. 1, p. 255.

Appareil pour la détermination de la densité de l'air et d'un gaz quelconque, *pl.* 13, *fig.* 1 et 2. — *Voy.* Air, t. 1, p. 190.

Appareil de M. Gay-Lussac pour la détermination de la densité des vapeurs, *pl.* 16, *fig.* 2.

AA, fourneau.

BB, chaudière de fonte contenant du mercure jusqu'en *nn*.

ee, cloche graduée, qui doit être pleine de mercure au commencement de l'expérience, et dans laquelle on fait passer une quantité donnée de la liqueur qu'il s'agit de réduire en vapeur par le moyen de l'ampoule de verre qui se voit sur une plus grande échelle, *fig.* 2 *bis*.

cccc, manchon ou cylindre de verre, ouvert à ses deux extrémités, rempli d'eau ou d'huile jusqu'au-dessus de la cloche.

t, thermomètre servant à déterminer la température du liquide contenu dans le manchon.

SS, Support en bois, destiné à maintenir par sa branche horizontale *f*, à ouverture circulaire, le manchon de verre dans une situation verticale.

dd, tige métallique terminée par un anneau horizontal, lequel maintient la cloche *ee*, comme *SS*, le manchon.

Fig. 2 *bis*, ampoule de verre que l'on pèse d'abord vide, puis pleine de liquide dont on veut déterminer la densité de la vapeur.

Cette ampoule est introduite dans la cloche avant de placer le manchon, puis quand tout l'appareil est monté, on chauffe la chaudière *BB*. Bientôt l'ampoule est brisée par la force expansive du liquide; celui-ci se réduit tout entier en vapeur, déprime le mercure, et occupe un volume qu'il est facile de mesurer en raison de la graduation de la cloche. On note d'ailleurs la température du liquide du manchon, la hauteur du baromètre et celle du mercure dans la cloche; à l'aide de ces données, il est facile de trouver la densité cherchée.

Appareil de M. Dumas pour la détermination de la densité des vapeurs, *pl.* 18, *fig.* 15.

AA, fourneau.

BB, chaudière de fonte, contenant un liquide dont la nature varie suivant la température à laquelle il est nécessaire de le porter.

C, ballon de verre de 200 à 500 centim. cubes, dont le col *ee'* a été recourbé et effilé. On doit d'abord le peser plein d'air, à une température et sous une pression connues, puis y introduire la matière destinée à faire l'objet de l'expérience, en quantité égale à environ 30 à 40 fois le poids de la vapeur qui remplira le vase.

d, m, cercles destinés à fixer le ballon C. Le premier est immobile et tient aux montans *ii, ii;* le deuxième porte à deux de ses points opposés les règles *d', d',* qui, glissant dans des rainures pratiquées dans la moitié supérieure des tiges *ii, ii,* lui permettent de s'élever ou de s'abaisser à volonté, et servent à le maintenir. On l'arrête au moyen des vis *v,v,* au-dessus du ballon qu'il doit retenir.

t t, thermomètre traversant un bouchon placé dans une ouverture circulaire qui termine la tige horizontale *nn.* Cette tige est mobile autour de l'axe *g,* de manière à pouvoir facilement faire circuler le thermomètre dans les diverses parties du liquide contenu dans la chaudière *BB,* pour qu'il en prenne la température moyenne.

L, petite lampe à esprit de vin, formée par un simple tube de verre bouché à une extrémité. On la tient à la main par le fil métallique *f.*

O, chalumeau.

Lorsque le ballon a été fixé dans le petit appareil destiné à le maintenir, on place le tout dans la chaudière, et l'on chauffe celle-ci. Le liquide qu'elle contient ne peut être de l'eau pure qu'autant que l'on opère sur une substance très volatile. Dans les cas où la température de l'eau bouillante est insuffisante, on emploie de l'eau salée, une dissolution de chlorure de calcium ou d'une autre matière saline, de l'huile, du chlorure de zinc dissous ou fondu, ou bien enfin de l'alliage fusible (975 *bis*). La nature de ce dernier bain nécessite un appareil en fer pour tenir le ballon, et l'addition de poids propres à le faire rester au fond de la chaudière. Pour les autres liquides, un appareil en cuivre convient parfaitement.

Dès que le bain a été suffisamment échauffé, on voit un jet de vapeur s'élancer par l'extrémité effilée *e'*. On laisse la température s'élever lentement; puis, lorsque le jet de vapeur a cessé, et que la température du liquide, portée au point que l'on s'était proposé, a dû s'être communiquée à la substance contenue dans le ballon, on ferme ce vase en fondant à l'aide du chalumeau son extrémité effilée *e'* : l'on note en même temps le degré du thermomètre (1) et l'indication du baromètre. Le bal-

____

(1) Pour les températures supérieures au point d'ébullition du mercure,

lon est ensuite retiré de la chaudière, nettoyé et pesé avec la substance qui s'y trouvait en vapeurs au moment où il a été fermé ; enfin il faut en déterminer la capacité. L'on possède alors toutes les données nécessaires pour résoudre la question proposée.

Appareil de M. Thenard pour la détermination de la tension des vapeurs, pl. 16, *fig.* 5.

Il consiste en un ballon à deux tubulures, dont l'une est fermée par un bouchon en cuivre qui laisse passer la partie supérieure d'un baromètre *CC'D'D, fig.* 7, tandis qu'à l'autre sont adaptés deux robinets entre lesquels se trouve un petit espace. On fait le vide dans ce ballon au moyen d'un tuyau de cuir *EE', fig.* 6, adapté, d'une part, à la tubulure des robinets, et de l'autre, à la machine pneumatique. Ensuite, fermant le robinet inférieur et ouvrant le robinet supérieur, l'on remplit l'espace compris entre eux du liquide dont on veut observer la tension de la vapeur; puis on ferme le dernier de ces robinets, et l'on ouvre le premier. Le liquide tombe dans le ballon, se réduit tout-à-coup en vapeurs, et élève jusqu'à une certaine hauteur, que l'on note avec soin, le mercure qui, par l'effet du vide, s'était mis, dans la branche *CC'*, presque au même niveau que dans la branche *DD'*. La tension croissant avec la température, le thermomètre doit être observé avec le plus grand soin.

Au lieu de faire le vide dans le ballon, on peut le remplir d'air sec. La tension de la vapeur du liquide s'ajoute à celle de l'air, de sorte que la différence des deux tensions donne celle du liquide pour la température à laquelle on opère.

Appareil de M. Gay-Lussac pour la détermination de la tension des vapeurs, pl. 16, *fig.* 1, *par leur mélange avec l'air.*

s, gros tube divisé en parties d'égale capacité, surmonté d'un petit entonnoir *e.*

tt', tube de 4 à 5 millim. de diamètre intérieur, et d'environ 45 centim. de longueur, soudé à la partie inférieure du tube *s.*

d, douille en fer, taraudée extérieurement, servant à fixer sur le support *mm* le tube *s* avec lequel elle est jointe au moyen de mastic, et portant un robinet *r* en acier.

v, verre destiné à recevoir le mercure qui sort de l'appareil lorsqu'on ouvre le robinet.

Pour se servir de cet appareil, l'on enlève le tube *s* de dessus son support, et on le remplit de mercure, à tel point, qu'en le re-

mettant dans sa position naturelle, l'air occupe environ la moitié de l'espace compris depuis *t'* jusqu'à son sommet. L'égalité de niveau du mercure dans les deux tubes est établi, en faisant écouler par le robinet *r* ou ajoutant par le petit entonnoir *e* une quantité convenable de ce métal; après quoi l'on mesure exactement le volume d'air emprisonné. Il faut ensuite introduire le liquide à essayer; pour cela, on en verse une colonne de 5 à 6 centim. dans le tube *tt',* et ouvrant le robinet *r,* on fait écouler doucement le mercure. La pression extérieure, dont l'action reste constante dans le tube *tt',* tandis que l'air se dilate dans le tube *s,* fait bientôt baisser le mercure au-dessous de la réunion *t'* des deux tubes. Aussitôt le liquide qui surnageait, pénètre dans le tube *s* en telle quantité qu'on veut. Fermant alors le robinet, l'on replace le mercure écoulé par d'autre que l'on verse dans le petit tube *tt';* l'on incline l'appareil en lui donnant même quelques secousses pour favoriser l'émission de la vapeur et son mélange avec l'air; puis, lorsque le mercure, qui d'abord s'élève rapidement dans le tube *s,* reste stationnaire après de nouvelles inclinaisons et secousses données à l'appareil, on verse encore du mercure par l'entonnoir *e* jusqu'à ce que la surface supérieure du liquide corresponde à la division à laquelle s'était arrêté le volume d'air emprisonné. Enfin, au moyen d'une règle métrique, on mesure la colonne ascendante du mercure. La hauteur de cette colonne, correction faite de l'action de la capillarité, représente la tension de la vapeur du liquide introduit dans le tube *s.* (*Ann. de Chim. et de Phys.,* 11, 438.)

Appareil pour la dissolution des gaz dans l'eau par voie de pression, pl. 18, *fig.* 1. — *Voy.* Acide carbonique, t. 1, p. 283.

Appareil pour l'extraction de l'acide azotique, pl. 17, *fig.* 1. — *Voy.* Acide azotique, t. 1, p. 375.

Appareil pour l'extraction du potassium, pl. 11. — La description des fig. 7, 7 *bis* et 8 a été donnée (729); celle des fig. 1, 2, 3, 4, 5, 6, 6 *bis* a été donnée aussi (730); mais on a commis quelques erreurs que nous allons indiquer ici :

Page 134, ligne 3 : au lieu de *CC,* tige de fer glissant à frottement dans le bouchon *D; lisez, CC,* tige de fer, fig. 6 *bis,* glissant à frottement dans le bouchon *I,* fig. 2 et 5.

Page 134, ligne 24 : au lieu de baguette de fer *FF; lisez,* tige de fer *CC.*

Appareil pour le passage d'un gaz d'un réservoir dans un autre en traversant un tube de porcelaine incandescent, pl. 12, *fig.* 1, 2 et 3.

Dans la fig. 1, le gaz est placé dans une vessie adaptée à un robinet communiquant au tube de porcelaine, et va se rendre à mesure qu'il traverse celui-ci dans une deuxième vessie semblable à la première, mais que l'on a vidée d'air. (*Voyez* Vessie.)

Dans la fig. 2, le gaz passe, en traversant le tube, d'une éprouvette ordinaire dans une éprouvette munie d'un robinet. Un autre robinet permet d'interrompre à volonté la communication de cette éprouvette avec le tube placé dans le fourneau. En fermant ce dernier robinet, ouvrant le premier, et enfonçant dans le liquide la cloche à robinet, l'on peut en faire sortir le gaz et le conduire dans un autre vase pour l'examiner.

Enfin la fig. 3 ne diffère de la fig. 1 que par la suppression de la deuxième vessie, et l'emploi que l'on fait à sa place d'une cloche placée sur l'eau ou le mercure, et communiquant au tube de porcelaine par un tube ordinaire, propre à recueillir les gaz.

Appareil pour la préparation de l'ammoniaque liquide, pl. 17, fig. 2.—*Voy.* t. 1, p. 422.

Appareil pour la préparation de l'éther, pl. 18, fig. 2.—*Voyez* Ether hydrique, t. iv, p. 398.

Appareil pour la préparation du gaz hydrogène, du gaz carbonique, du bi-oxide d'azote, etc., pl. 13, fig. 5. — *Voy.* la préparation de ces divers gaz dans le vol. 1.

Appareil pour la préparation du gaz oléfiant, de l'oxigène, de l'acide sulfureux, du chlore, etc., pl. 16, fig. 8 et 10. — *Voy.* la préparation de ces divers gaz dans le vol. 1.

Appareil pour la recomposition de l'eau, pl. 14.—*Voyez* t. 1, p. 257.

Bain de sable. — Vase en fer, en fonte ou en terre, en partie rempli de sable. On s'en sert, dans quelques circonstances, pour garantir les vases de verre de l'action immédiate du feu, ou bien pour leur servir de support. A cet effet, on place le bain de sable sur un fourneau, et on dispose les vases dans ce bain de manière qu'ils soient entourés de sable jusqu'à une certaine hauteur. Autrefois on faisait un fréquent usage du bain de sable; aujourd'hui, on ne l'emploie que rarement. Presque toutes les opérations que l'on faisait au bain de sable se font à feu nu, c'est-à-dire, en exposant directement le vase à l'action du feu.

Bain-marie.—La description en a été donnée article *Alambic.*

Balance. — On doit avoir dans un laboratoire deux ou trois balances communes assorties, la première pouvant peser seulement 30 à 40 grammes, la deuxième 1 ou 2 hectogrammes, et la troisième jusqu'à 7 ou 8 kilogrammes : il suffit que cette dernière soit sensible à 4 ou 5 décigrammes; mais la première doit l'être au moins à 1 centigramme. On doit avoir, en outre, une balance spécialement destinée aux expériences de recherches, et sensible à 1 et même à un demi-milligramme; il faut qu'elle puisse peser jusqu'à 1 kilogramme. Cette balance doit être enfermée dans une cage de verre où elle repose sur un fond en bois. La face antérieure de cette cage s'élève dans une coulisse où des ressorts d'acier la tiennent en supension à toutes les hauteurs où on veut la fixer. Outre les usages ordinaires, cette balance sert encore à peser les corps dans l'eau distillée, pour déterminer leur pesanteur spécifique : c'est pourquoi on lui donne le nom de *balance hydro-statique.* Les corps qu'on veut peser de cette manière sont suspendus à un fil qui passe par un trou pratiqué dans le fond de la cage, au-dessous d'un des bassins de la balance. Ce bassin est muni d'un crochet où l'on attache le fil.

L'on doit tenir ces diverses balances, et surtout la dernière, éloignées le plus possible des vapeurs acides et de l'humidité, pour les conserver.

Ballon. — Vase de verre rond, dont le col est court et cylindrique, pl. 1, fig. 10. Quelquefois, outre l'ouverture ordinaire du ballon, on y pratique d'autres ouvertures qu'on appelle *tubulures* (Voy., fig. 11 et 13, des ballons à une et deux tubulures). Leur grandeur varie depuis un cinquième de litre jusqu'à 16 et 18 litres.

Les ballons sont employés pour la préparation de plusieurs gaz; ils servent de récipiens dans les distillations, etc.

Ballon à robinet, pl. 1, fig. 12.—Ce ballon n'est autre chose qu'un ballon ordinaire dont le col est muni d'une virole b, sur laquelle se visse la tige creuse cc du robinet c. On se sert principalement de ce ballon pour peser les gaz. (*Voy.* vol. 1, p. 189.)

Baromètre. — Instrument dont on se sert pour mesurer la pression de l'atmosphère. Celui qu'on emploie pour les usages ordinaires se construit de la manière suivante : on prend un tube de verre ou de cristal d'environ $0^m,90$ de hauteur, et de $0^m,08$ au moins de diamètre intérieur; on le ferme à la lampe par l'une de ses extrémités, et l'on donne à l'autre la forme de la taille d'une plume à écrire ou d'une cuiller; on chasse l'humidité qu'il pourrait contenir en le chauffant et renouvelant l'air au moyen d'un soufflet adapté à un tube de verre plongeant dans son intérieur; le tube étant bien sec, on le remplit de mercure pur à l'aide d'un petit entonnoir, et on y fait bouillir le mercure : pour cela, on l'incline légèrement, et on tient l'extrémité fermée au-dessus d'un fourneau contenant quelques charbons allumés; on le tourne en différens sens, afin d'exposer tous les points de sa surface à l'action du feu.

Le mercure contenu dans cette partie du tube ne tarde point à bouillir; on chauffe alors, et on porte successivement au degré de l'ébullition les portions de mercure qui se trouvent immédiatement au-dessus de celles qui ont déjà bouilli, et l'on continue ainsi à chauffer jusqu'à ce que l'on soit arrivé à l'extrémité supérieure, en ayant soin de placer au-dessous de cette extrémité un vase pour recevoir le mercure que l'ébullition fait sortir du tube.

Lorsque l'on a fait bouillir tout le mercure, on achève de remplir le tube avec du mercure bouilli d'avance; d'une autre part, on remplit presque en totalité, de mercure également bouilli, un réservoir ou cuvette de verre dont l'ouverture est étroite et la partie moyenne très large. On incline l'extrémité ouverte du tube vers la cuvette, et on l'introduit promptement dans cette cuvette pour qu'il ne se glisse point de bulles d'air dans le tube.

On fixe alors le tube et la cuvette sur une planche placée verticalement et divisée en centimètres. Pour opérer cette division, on prend pour point de départ le niveau du mercure dans la cuvette, et l'on marque seulement la partie de l'échelle correspondant aux variations du baromètre, partie qui se trouve entre 70 et 80 centimètres.

Si l'on considère avec attention la construction de ce baromètre, on voit qu'il n'indique point rigoureusement la pression de l'atmosphère : en effet, comme cette pression varie, il s'ensuit que le mercure s'élève plus ou moins dans le tube, et doit conséquemment faire varier le niveau du mercure dans la cuvette; si, par exemple, l'air devient plus pesant, le mercure s'élève dans le tube, et s'abaisse dans la cuvette, parce qu'une petite portion du mercure contenu dans celle-ci passe dans celui-là. Si l'air devient au contraire plus léger, le mercure s'abaisse dans le tube et s'élève dans la cuvette.

On peut, il est vrai, atténuer autant que l'on veut cette cause d'erreur en donnant à la cuvette un diamètre beaucoup plus grand que celui du tube. Mais alors l'instrument devient très lourd, d'autant plus que, si l'on veut rendre négligeable l'influence de la capillarité, il faut donner au tube lui-même un grand diamètre; et dans tous les cas, il est manifeste qu'ainsi construit, il doit être fort peu portatif.

Le suivant, qui a été construit pour la première fois par M. Gay-Lussac, est exempt de ces inconvéniens. Il est représenté avec une petite modification qu'y a introduite M. Bunten, pl. 19, fig. 1 et 2.

Ce baromètre est du genre de ceux que l'on nomme *baromètres à siphon* : comme il n'a pas de cuvette, et que l'effet de la capillarité du tube se détruit dans les deux branches du siphon, on peut le rendre très léger; et comme il est sans robinet, sans piston, sans bouchon même, l'on peut faire une observation en moins d'une minute. Nous allons en citer la description faite par l'auteur même. (*Annales de Chimie et de Physique*, 1, 115.)

« Pour mieux faire concevoir ce qui caractérise le nouveau baromètre, dit M. Gay-Lussac, je le supposerai dépouillé de sa monture, qu'on peut varier d'ailleurs d'une infinité de manières. La *figure* 1re représente le tube barométrique dans sa situation propre à l'observation. N, n sont les deux niveaux du mercure; la grande branche *ab* est d'un égal diamètre jusqu'en *f*. En ce point, le tube *af* est soudé avec un autre tube *fbc* fort en verre, dont le diamètre intérieur doit être de 1 à 2 millimètres. La petite branche *cd* du baromètre doit avoir le même diamètre que la partie *af* de la grande. Elle est fermée en *d*; mais en *e*, à la distance de 2 à 3 centimètres de *d*, se trouve un petit trou capillaire par lequel le mercure ne peut point s'échapper à moins d'une pression très grande, et qui néanmoins permet à l'air d'entrer dans la cuvette et d'en sortir librement.

« La *fig*. 2 représente le baromètre renversé. Alors le mercure occupe la partie *cbfa* du tube (1), et l'excédant est logé en *d*. Il convient que cet excédant soit nul ou au moins très petit. On fait sortir aisément le mercure en tenant la branche *cd* horizontalement, le trou *e* en dessous; le mercure étant au-dessus du trou, on dilate l'air en chauffant la branche *cd*, et le mercure est alors expulsé. Si, au contraire, on veut faire rentrer du mercure dans le baromètre, on le plonge, dans la situation où le représente la *fig*. 1re, dans un bain de mercure jusqu'au-dessus du trou *e*, et l'on incline le tube. L'air étant alors dilaté dans la branche *cd*, le mercure y rentrera, pourvu que la perte de l'élasticité de l'air soit plus grande que la longueur de la colonne dont le mercure s'abaisserait dans un tube dont le diamètre serait égal à celui du trou. J'ai supposé ici que le baromètre n'avait d'autre ouverture que le trou capillaire *e*; mais il est bien plus facile de régler le baromètre pendant qu'il est ouvert en *d*. »

La modification introduite par M. Bunten consiste dans le prolongement effilé du tube *fg* dans l'intérieur d'un autre tube *gh* d'un plus gros diamètre, où il se trouve engagé de 2 à 3 pouces au-delà de la soudure *g*. Elle a pour objet d'empêcher le dérangement que pourraient produire, sans cette disposition, dans l'instrument renversé, certains mouvemens brusques qui feraient passer de l'air dans la grande branche. Si en effet une bulle ve-

nait à se glisser dans le coude *b* du baromètre renversé, elle se dirigerait, en le redressant, vers le sommet *a* du grand tube; mais alors, comme les bulles s'élèvent toujours contre les parois, elle serait arrêtée en *g* : en chauffant le tube placé convenablement, il serait facile de la chasser. D'ailleurs l'instrument doit être construit de manière que le point *g* se trouve au-dessous du niveau *n*; et dans ce cas, la présence de bulles d'air au point *g* n'a aucune influence sur les observations.

La *fig*. 3 représente le baromètre dans son étui, fendu en haut et en bas pour pouvoir observer les hauteurs du mercure.

aa, *a'a'*, échelles.

b, *b'*, verniers.

d, thermomètre.

« En construisant ce baromètre, dit encore M. Gay-Lussac, il faut que l'artiste ait l'attention de ne point porter d'huile dans la branche *b c d*, soit en la fermant en *d*, soit en faisant le petit trou *c*. J'ai déjà dit que c'est l'huile ou tout autre corps gras qui est la cause de la poudre noire ou de la crasse qui se forme dans les baromètres, quand le mercure est d'ailleurs bien pur, et on ne saurait l'exclure avec trop de soin. J'ai fait faire plus de 500 lieues à mon baromètre; M. Descostils, dans un voyage en Italie, lui en a fait faire plus de 1200, et je puis affirmer que le mercure était aussi net que le premier jour, malgré les secousses continuelles auxquelles il a été exposé dans une chaise de poste. . . . .

« On voit aisément pourquoi l'axe du tube *a f* n'est pas dans le prolongement de celui du tube *f b*; c'est afin que le centre de gravité de l'instrument soit sur cet axe, lorsque l'instrument sera suspendu librement en *a*, *fig*. 1. . . . .

« Le transport de ce baromètre est très facile, et il ne pourra se déranger si l'on a l'attention de le tenir renversé, comme l'indiquent la *fig*. 2, ou au moins incliné sous un angle de 15 à 30 degrés. J'ai annoncé qu'il ne fallait pas plus d'une minute pour l'observer, et en effet, il suffit de le renverser pour qu'il se prête immédiatement à l'observation.

« La manière de se servir du nouveau baromètre ne présente aucune difficulté; on observe la hauteur de la colonne inférieure et celle de la colonne supérieure, et on les retranche l'une de l'autre. Si les deux branches sont d'un égal diamètre, il suffira d'observer la hauteur de la colonne supérieure, et de doubler les variations apparentes pour avoir les variations réelles. Lors même que les deux branches n'auraient pas un égal diamètre, on pourrait encore se contenter d'une seule observation, pourvu que l'on connût les vraies différences de niveau de centimètre en centimètre, parce que, dans l'intervalle, on pourrait re-

garder, sans erreur sensible, les deux branches comme ayant le même diamètre. Cet avantage, commun à tous les baromètres à siphon, est très précieux pour les voyages géologiques, car on fait d'autant plus d'observations qu'elles sont plus faciles à faire. »

Pour le construire, M. Gay-Lussac recommande, 1° de prendre le tube *c d* d'un diamètre sensiblement égal au tube *f a* fig. 2 et 3; 2° de fermer le tube *a f* en *a*; 3° de souder l'extrémité *f* avec le tube presque capillaire *f b c*, et l'extrémité de celui-ci avec le tube *c d*, un peu effilée à son extrémité *d*, et percé d'un petit trou en *e*; 4° de faire bouillir le mercure dans ce baromètre, comme dans les baromètres ordinaires, et de se servir, pour le faire bouillir dans le tube *f b c*, d'un fil de fer, afin de faciliter le dégagement des bulles aériformes; 5° de ne laisser ensuite du mercure que dans les deux tiers du tube *f b c*; de courber le tube en *b*, comme le présentent les fig. 1 et 2, après avoir fermé le tube *c d* en *d'*, et de régler le baromètre comme il a été indiqué précédemment.

Bassine, pl. 1, *fig*. 9. — Vaisseau évaporatoire, muni de deux anses. Les bassines sont en cuivre ou en argent, quelquefois en étain et en plomb. Leur grandeur varie beaucoup. Les plus employées sont en cuivre.

Bocal. — Vase cylindrique à large ouverture *A*, *B*, *C*, *pl*. 3, *fig*. 4, 8 et 9; il y en a de verre, de cristal, de porcelaine et de faïence. Les uns sont à col droit, *fig*. 4 et 8; les autres sont à col renversé, *fig*. 9. Leur grandeur varie depuis un décilitre jusqu'à 6 et 8 litres. On s'en sert pour conserver les substances solides, telles que les sels, les matières végétales, animales, etc., etc.

Bouchon. — Cylindre de liège ou de cristal dont on se sert pour boucher les vases que l'on emploie : leur grandeur varie suivant l'ouverture des flacons. On doit choisir les bouchons de liège bien sains et bien homogènes; ceux qui sont criblés de petits trous et comme vermoulus doivent être rejetés. Souvent il arrive que l'on a besoin de bouchons plus gros que ceux qu'on trouve dans le commerce : alors on se procure des planches de liège, dont on fait des bouchons de grosseur convenable. Souvent aussi l'on est obligé de percer les bouchons pour y introduire à frottement des tubes de verre. (*Voyez*, plus loin, *Lime queue-de-rat* et *Lime demi-ronde*.)

Calorimètre. — Instrument dont on se sert pour mesurer, 1° la chaleur spécifique des corps ou la capacité des corps pour le calorique, c'est-à-dire, la quantité de calorique nécessaire pour élever d'un même nombre de degrés les différens corps sous le même poids; 2° la chaleur animale; 3° la chaleur qui se dégage dans toutes les combinaisons.

---

(1) Il est retenu au point *c* par l'effet de la capillarité, qui ne permet pas à l'air de diviser la colonne du liquide.

Calorimètre de Lavoisier et de Laplace, ou calorimètre à glace, pl. 19, fig. 11 et 12. — Dans ce calorimètre la quantité de chaleur se mesure par la quantité de glace fondue. Il est composé de trois capacités concentriques faites avec du fer-blanc, excepté la capacité intérieure G : celle-ci est formée par un grillage en fil de fer que soutiennent des montans de ce métal; elle porte un couvercle creux $H H$ dont le fond est percé de trous, et elle reçoit le corps que l'on veut soumettre à l'expérience. La capacité moyenne $FF'F''$ est destinée à contenir la glace dont une portion doit être fondue par le corps; à sa partie inférieure on place une grille de fer II', puis un peu plus bas un tamis LL', pour recueillir les petits fragmens de glace qui pourraient passer à travers cette grille; au-dessous du tamis se trouve un robinet M, par lequel l'eau provenant de la glace fondue par le corps s'écoule et est portée dans le vase N. La capacité extérieure $EE'E''E'''$ a pour objet de renfermer la glace qui doit empêcher l'air d'agir sur celle de la capacité moyenne; elle ne communique point avec cette capacité; elle porte un robinet O, au moyen duquel la glace fondue par l'air s'écoule au dehors, et elle est surmontée d'un couvercle creux PP qui n'est percé que sur les côtés. On met de la glace dans ce couvercle, ainsi que dans celui de la capacité intérieure.

D'après cette description, il est évident que le corps se trouve entouré de toutes parts de deux couches de glace; car celle du couvercle intérieur fait suite à la glace de la capacité moyenne, et celle du couvercle extérieur fait suite à celle de la capacité extérieure. Par cette disposition, la couche de glace intérieure ne peut être fondue qu'aux dépens du calorique du corps placé dans la capacité G; c'est ce qui fait que le rapport des quantités de glace fondues par deux corps égaux en poids et en température et soumis successivement à l'expérience, est précisément le rapport de leur chaleur spécifique.

Pour se servir du calorimètre, on le place sur son pied RR, dans un lieu dont la température soit un peu au-dessus de 0°; après quoi l'on remplit de glace à 0° les capacités moyenne et extérieure, ainsi que les deux couvercles, et on laisse égoutter l'eau adhérente à la glace de la capacité moyenne; ensuite on pèse très exactement le corps dont on veut, par exemple, déterminer la chaleur spécifique, et on le porte à la température de 100°, en le plongeant, pendant environ 15 minutes, dans l'eau bouillante; de là on l'introduit dans la capacité intérieure, après avoir toutefois fermé le robinet M; puis on recouvre sur-le-champ les capacités de leurs couvercles respectifs, et alors on abandonne l'expérience à elle-même pendant 15 à 20 heures, temps plus que suffisant pour que la température du corps soit revenue à 0°, et pour que toute l'eau provenant de la glace qu'il a fondue soit réunie au-dessus du robinet M; enfin l'on ouvre ce robinet, l'eau s'écoule et l'on en prend le poids. Il est facile d'ailleurs de voir pourquoi la glace doit être à 0°, et pourquoi l'on porte le corps à la température de 100° : c'est que l'on peut se procurer aisément ces sortes de températures, et que si la glace était au-dessous de 0°, une portion du calorique du corps serait employée à la ramener à son terme de fusion et serait perdue pour le résultat de l'expérience.

Calorimètre à eau. — Dans ce calorimètre, on mesure la chaleur par l'accroissement de température de l'eau qu'il renferme. Le calorimètre varie par sa forme. Nous ne décrirons ici que celui de Rumfort. Ce calorimètre est fort simple : il consiste en une caisse de fer-blanc d'environ 22 centim. de longueur sur 12 centim. de largeur et 12 centim. de profondeur. A environ 3 millim. au-dessus du fond de la caisse, se trouve un conduit rectangulaire de 4 centim. de largeur et de 18 millim. d'épaisseur, qui va en serpentant horizontalement d'une extrémité à l'autre; arrivé à l'une de ces extrémités, ce conduit en perce la paroi, tandis que, arrivé à environ 3 millim. de l'extrémité opposée, il traverse le fond, et se termine au dehors en un entonnoir renversé. Le dessus de la caisse porte deux ouvertures, l'une qui sert à la remplir d'eau, et l'autre à placer un thermomètre. (*Voy.* pl. 19, fig. 13 et 14.)

CC', caisse qui doit contenir de l'eau;

AA', ouverture pour introduire le thermomètre;

B, ouverture pour verser l'eau;

EE', conduit dans lequel passent les produits de la combustion;

G, entonnoir renversé pour recevoir la flamme des corps;

HH', support en bois;

II' briques sur lesquelles on place l'instrument.

Lorsque l'on veut se servir de cet instrument, on le remplit d'une quantité déterminée d'eau distillée par l'ouverture B, et on y introduit, par l'ouverture AA', un thermomètre dont le réservoir égale presque en hauteur les parois de la caisse, afin d'avoir, avec beaucoup de précision, la température des différentes couches d'eau; cette température doit être primitivement d'environ 5° au-dessous de celle de l'air. L'appareil ainsi disposé, et placé sur son support, on se procure le corps sur lequel l'opération doit être faite. Soit, comme exemple, de la cire : vous en ferez une bougie avec une mèche très fine; vous la peserez, et après l'avoir mise sous l'entonnoir renversé, vous l'allumerez : au même instant, les produits de la combustion seront entraînés dans le conduit rectangulaire qui correspond à l'entonnoir renversé, et communiqueront à l'eau de la caisse le calorique dégagé par la combustion de la cire; quelque temps après, vous éteindrez la bougie, vous la peserez de nouveau, et vous température de l'eau sera devenue autant supérieure à celle de l'air qu'elle y était d'abord inférieure. Vous rendrez ainsi à l'air à-peu-près tout le calorique que l'eau aura commencé par lui enlever, et vous acquerrez une assez grande précision dans l'expérience, précision qu'il serait impossible d'obtenir si les fluides avaient d'abord la même température. Alors observant celle de l'eau qui sera indiquée par le thermomètre, vous déterminerez, au moyen d'un calcul très simple, la quantité de calorique dégagé par la combustion du corps. Si l'eau contenue dans la caisse pèse 6 kilog., y compris le poids de la caisse évalué en eau pour la chaleur spécifique, et si sa température s'élève de 10°, ces 6 kilog. représenteront un seul kilog. d'eau, dont la température serait élevée de 60°. Or, nous savons qu'un kilog. d'eau, en passant de 75° à 0°, fait fondre un kilog. de glace; par conséquent un kilog. d'eau, en passant de 60 à 0°, ferait fondre les quatre cinquièmes d'un kilog. de glace, ou 800 grammes. Ainsi la quantité de chaleur acquise par les 6 kilog. d'eau serait la même que celle qui serait nécessaire pour fondre cette quantité de glace.

Capsule, pl. 1, fig. 14 bis. — Demi-sphère ou segment de sphère creux, destiné à évaporer et à concentrer les liquides : il y en a de platine, d'argent, de porcelaine et de verre; leur grandeur varie beaucoup; il en est qui contiennent depuis un demi-décilitre jusqu'à huit et même dix litres : quelquefois leur fond, au lieu d'être arrondi, est plat. Les capsules de verre sont rarement employées, à cause de leur fragilité; on peut les faire soi-même en limant sur un point le fond d'un matras à hauteur convenable, chauffant le trait fait par la lime avec une petite barre de fer incandescent, et y déterminant ensuite, au moyen d'un peu d'eau, une fente qui suit la direction d'une pointe enflammée de charbon qu'on fait tourner successivement autour du matras.

Casseroles. — On doit en avoir une en argent, et trois à quatre en cuivre et de diverses grandeurs.

Chalumeau à oxigène comprimé. — Caisse en cuivre dans laquelle on comprime de l'oxigène, et d'où on le fait sortir par un tube étroit pour le diriger dans une cavité de charbon qui est incandescente, et qui contient un corps que l'on veut chauffer fortement, pl. 19, fig. 5 et 6.

$aaaa$, caisse en cuivre très épais.

b, vessie à robinet contenant le gaz oxigène.

cc, pompe au moyen de laquelle on comprime le gaz oxigène dans la caisse *aaaa*.

d, robinet que l'on doit ouvrir pour donner passage au gaz, et que l'on doit fermer immédiatement après la compression de celui-ci dans la caisse.

e, tuyau étroit en laiton fixé à un autre plus gros *e'*.

g, robinet que l'on ouvre pour faire passer le gaz comprimé de la caisse *aaaa* à travers le petit tube *e*.

Rien de plus facile que de se servir de cet instrument. Le robinet *g* étant fermé et les deux autres étant ouverts, on soulève et l'on abaisse alternativement le piston de la pompe *cc*. Par ce moyen, l'on fait passer l'oxigène de la vessie dans la caisse. Lorsqu'on juge l'oxigène assez condensé, l'on ferme le robinet *d*, l'on ouvre le robinet *g*, et l'on dirige l'oxigène qui s'échappe avec force dans la cavité enflammée de charbon où se trouve le corps qui doit être exposé à une haute température.

Chalumeau à gaz hydrogène et oxigène condensés. — Ce chalumeau est le même que le précédent, si ce n'est que le tube *e* doit être capillaire pour ne pas laisser passer la flamme, et qu'on doit, par la même raison, comme l'a recommandé M. Clarke, qui le premier s'est servi de cet instrument, mettre des toiles métalliques très fines et une couche d'huile entre le réservoir de gaz et le tuyau par lequel celui-ci s'écoule. (Voyez *pl.* 19, *fig.* 5 et 6).

hh, huile ordinaire contenue dans la caisse *aaaa*.

ii, *fig.* 7, cylindre creux en laiton, plongeant dans l'huile, et portant inférieurement un pas de vis qui reçoit une virole à écrou garni d'une toile métallique, et supérieurement un écrou sur lequel se visse la pièce *l*, *fig.* 8.

m, *fig.* 9, toile métallique dont il vient d'être parlé, et contenant 7 à 800 ouvertures au pouce carré.

l, *fig.* 8; pièce creuse qui se visse, d'une part, sur la partie supérieure du cylindre *ii*, et qui, de l'autre reçoit le robinet *g* au moyen d'une vis. Cette pièce est composée de deux parties, comme le fait voir la fig. 10.

oo, *fig.* 8, toile métallique semblable à la précédente, qui est placée transversalement dans l'intérieur de la pièce *l* : cette toile se voit en plan et en coupe, *fig.* 10.

Outre les toiles métalliques *oo*, *fig.* 8, et *m*, *fig.* 9, on doit en placer environ 100 à 150 entre le robinet *g* et le tuyau en laiton *e'*, *fig.* 6. Ces toiles forment, par leur réunion, un cylindre de 15 millim. de diamètre et de 25 millim. de longueur : les côtés de ce cylindre sont soudés à l'étain avec la virole de cuivre qui les renferme.

L'on se sert de ce chalumeau absolument comme du chalumeau à gaz oxigène. Après avoir condensé, dans la caisse *aa* le mélange d'hydrogène et d'oxigène, qui doit se composer d'un volume de celui-ci et de deux volumes de l'autre, et après avoir fermé le robinet *d*, l'on ouvre le robinet *g*, on met le feu au jet de gaz avec une bougie, et on le dirige sur le corps.

La chaleur que l'on obtient ainsi est si grande qu'elle fond presque tous les corps qui jusqu'ici passaient pour infusibles.

L'on a fait voir précédemment, vol. 1er, p. 49, comment agissaient les toiles métalliques et le tuyau capillaire *e* dans cette expérience; l'inspection de la figure 5 démontre tout de suite l'effet de l'huile. Il est évident que, pressée par le gaz contenu dans la caisse, elle s'élèvera dans le cylindre *ii*, et qu'elle s'opposera à toute espèce de communication entre ce gaz et celui qui, de la caisse, sera passé dans la partie supérieure du cylindre.

Pour se mettre à l'abri des dangers auxquels on serait exposé si le mélange venait à détoner, il est nécessaire de placer l'instrument derrière une porte ou un mur, et de faire passer les tuyaux *e* et *e'* à travers.

Chalumeau ordinaire. — Instrument destiné à porter un courant d'air sur la flamme d'une chandelle ou d'une bougie, pour la diriger sur un petit fragment de matière que l'on se propose d'examiner. Les chalumeaux sont en verre ou en métal.

Chalumeau de verre. — Cylindre creux de verre, *pl.* 6, *fig.* 7, courbé, puis renflé en boule, et terminé par un petit tube conique dont l'ouverture est très étroite.

Chalumeaux métalliques. — On en fait en argent, en cuivre jaune et en fer-blanc vernissé. Ceux dont on se sert le plus ordinairement sont en cuivre jaune ou en fer-blanc vernissé. Leur forme varie. Nous nous contenterons de décrire les deux suivans.

Le premier (*pl.* 17, *fig.* 18) se compose d'un tube *ab* appelé *manche*, d'un *réservoir D* qui est fixé en *c* au *manche ab*, d'un petit tuyau *f* entrant à frottement dans le réservoir, et d'un petit ajutage *g*, quelquefois en platine, qui s'adapte de même à frottement au tuyau précédent *f*.

Le second (*pl.* 6, *fig.* 7) est formé de 4 parties : 1° d'un petit tuyau d'ivoire aplati et légèrement évasé à l'extrémité par laquelle on soufle; 2° d'un tube formant le *manche*, dont une extrémité reçoit à frottement l'extrémité non évasée du tuyau d'ivoire; 3° de la cavité cylindrique appelée *réservoir*, auquel on a soudé un petit tube qui doit recevoir à frottement l'extrémité du *manche*; 4° enfin d'un petit ajutage conique entrant à frottement dans un second tuyau soudé au réservoir : la figure représente ce petit ajutage joint au réservoir.

Lorsqu'on veut se servir du chalumeau, on saisit avec la bouche l'extrémité *a* (*pl.* 17, *fig.* 18) on dirige l'extrémité *g* sur la flamme de la bougie, de manière que l'air que l'on insuffle par le tube *f* porte la pointe de la flamme sur le corps que l'on soumet à l'expérience. On dispose pour cela le corps sur un support ordinairement de charbon, quelquefois de platine ou d'argent. Avec un peu d'habitude, on parvient facilement à souffler au chalumeau pendant dix à douze minutes : pendant tout ce temps, on respire seulement par le nez. (*Voyez*, dans l'ouvrage de Berzelius sur le Chalumeau, toutes les précautions à prendre pour se servir de cet instrument).

Chaudières. — Celles dont on se sert dans les laboratoires sont ordinairement en fonte. On doit en avoir deux ou trois de diverses grandeurs.

Cisailles. — Espèce de gros ciseaux dont on se sert pour couper par fragmens les métaux réduits en lames ou en fils.

Cloche. — Cylindre creux de verre ou de cristal (*voy.* pl. 1, fig. 22), ouvert seulement par sa base, arrondi et terminé, à sa partie supérieure par un bouton au moyen duquel on peut la lever facilement. Quelquefois les cloches portent deux ouvertures latérales, *fig.* 21. Il est nécessaire d'en avoir de différentes grandeurs. Les cloches servent à recueillir les gaz; à les transvaser, à les mesures, etc.

Cloche à robinet. — Cloche A, pl. 1, *fig.* 24, ouverte par la partie supérieure, et garnie, dans cette partie, d'une virole de cuivre *b* et d'un robinet *d*. Cette cloche est employée particulièrement pour faire passer les gaz, soit dans un ballon, soit dans une vessie. (*Voy.* plus loin, art. *Vessie*).

Cloche graduée. — Cloche divisée en un certain nombre de parties. Pour opérer cette division, on prend une cloche de cristal, pl. 1, fig. 22; on la remplit d'eau dans la cuve pneumato-chimique, et on la porte sur la tablette, qui doit être bien horizontale; ensuite on se procure un flacon à goulot étroit qui contienne exactement un décilitre d'eau. Si l'on ne trouvait pas un flacon qui eût précisément cette capacité, on en prendrait un qui fût plus grand; on y coulerait un peu de cire ou de résine, afin de rendre la capacité plus petite : ce flacon sert de jauge pour graduer la cloche. On fait passer dans la cloche l'air contenu dans ce flacon, et on marque avec de la cire à cacheter le point auquel est descendue l'eau : on continue cette opération jusqu'à ce que toute l'eau de la cloche ait été déplacée. Il est essentiel, pendant ce temps, que le flacon et la cloche soient maintenus à la même température, et que cette température ne diffère point de celle de la cuve : il faut éviter, pour cette raison, de mettre la main sur la cloche. Cette opération étant faite, on trace sur la cloche elle-même les divisions avec un diamant.

On se sert des cloches graduées pour mesurer les gaz. Celles dont nous venons de parler doivent être préférées aux cloches divisées en parties égales, parce qu'elles n'obligent à aucune correction pour la différence qui existe entre le niveau de l'eau de l'intérieur de la cloche et celui de l'eau de la cuve, celui-ci étant toujours supposé le même.

Cloche recourbée, AB, pl. 1, fig. 25. — Cylindre creux de verre, dont on courbe et dont on ferme ensuite l'extrémité *A* à la lampe. Ces cloches recourbées sont employées à faire un très grand nombre d'expériences sur le mercure. On place les matières dans la partie courbe, et on les chauffe avec la lampe à esprit de vin.

Chloromètre. — *Voyez* 5e volume, analyse chimique.

Cornue. — Vase distillatoire, *pl. 1, fig.* 27 et 33, dont le col est recourbé et fait un angle avec la partie inférieure qui est renflée et arrondie par le fond. On distingue trois parties dans une cornue : la partie recourbée et allongée porte le nom de *col;* la partie allongée supérieure s'appelle *voûte*, et la partie inférieure prend le nom de *ventre* ou *panse.* Quelquefois la cornue porte une tubulure *E, fig.* 32, à sa partie supérieure. Cette tubulure est munie d'un bouchon de cristal ou de liège ; on dit alors que la cornue est tubulée. Les cornues sont de verre, de grès, de porcelaine, et quelquefois de plomb, de fonte, d'argent ou de platine.

On se sert de cornues de métal, principalement quand les matières que l'on soumet à l'action du feu peuvent attaquer le grès, la porcelaine ou le verre ; par exemple, pour la préparation de l'acide fluorhydrique, qui s'effectue à l'aide de l'appareil en plomb représenté *fig.* 34 et 35 (*Voy.* t. 1, p. 394.)

Couteau. — On doit en avoir un d'ivoire ou de corne pour enlever les précipités gélatineux de dessus les filtres.

Creuset. — Vase de forme triangulaire, conique et quelquefois cylindrique *A, B, C, pl. 1, fig.* 15, 16 et 18, dans lequel on soumet beaucoup de substances solides à l'action du feu. Il y a des creusets de terre et de métal. Les meilleurs creusets de terre nous viennent de Hesse. Les creusets de métal sont ordinairement en argent ou en platine. Les creusets portent un couvercle de même forme et de même nature qu'eux. Quelquefois on les remplit d'un mélange de charbon pulvérisé et d'une petite quantité d'argile détrempée, et l'on pratique au milieu de cette masse cohérente une cavité. Ces creusets s'appellent *creusets brasqués.*

Plusieurs chimistes, au lieu de cette *brasque*, emploient simplement le charbon de bois, qu'ils humectent un peu et dont ils garnissent l'intérieur de leurs creusets en le pilant fortement. M Berthier recommande beaucoup l'usage de ces creusets. (*Voy.* les avantages qu'on peut en retirer, *Ann. de Chim. et de Phys.*, XXII, 227.)

Cuiller à projection. — Longue cuiller de fer employée pour calciner certaines substances, les retirer des vases qui les contiennent, ou les projeter dans des creusets rouges de feu, *pl. 6, fig.* 8.

Cuve pneumatique. — Vaisseau, en partie plein d'eau ou de mercure, dont on se sert pour recueillir et transvaser les gaz. Elle prend le nom de *cuve hydro-pneumatique*, lorsqu'elle contient de l'eau, et de *cuve hydrargiro-pneumatique*, lorsqu'elle contient du mercure. La cuve hydro-pneumatique est en bois, doublée de plomb, tandis que l'autre est en pierre ou en marbre. On se sert de la première pour recueillir ou transvaser les gaz qui sont insolubles ou très peu solubles dans l'eau, et de la deuxième pour recueillir ou transvaser les gaz qui sont très solubles dans ce liquide.

Cuve hydro-pneumatique. — *Pl.* 1, *fig.* 29, plan : *fig.* 28, coupe suivant la ligne *A'B'.*

FF', caisse rectangulaire en bois, doublée de plomb, soutenue par quatre pieds en bois.

LGIH, table plus basse d'environ 0m,15 que les bords supérieurs de la cuve, et destinée à recevoir les cloches pleines d'eau ou de gaz.

LGSK, cavité quadrangulaire ou fosse de la cuve.

TT, tablette reçue dans deux rainures pratiquées à la partie supérieure de la fosse, l'une sur le côté *GL*, et l'autre sur le côté *KS.*

N, ouverture circulaire pratiquée au milieu de la tablette, s'élargissant inférieurement en forme d'entonnoir, et au-dessus de laquelle on place des vases pleins d'eau pour recevoir le gaz qui se dégage.

M, échancrure destinée à laisser passer le tube qui doit conduire le gaz dans le récipient, comme on le voit, *fig.* 28.

Fig. 30, *TT*, tablette vue plus en grand.

Fig. 28 et 29. *R*, robinet destiné à vider l'eau de la cuve.

Il existe des cuves hydro-pneumatiques plus petites que la précédente, qui n'ont point de table, mais seulement une tablette. Ces cuves ont environ 6 décim. de longueur, 3 de largeur et 4 de profondeur.

Dans tous les cas, on doit recouvrir les parois intérieures de la cuve d'une couche de vernis gras : sans cela, les petits globules de mercure qu'on y laisserait tomber dans le cours des expériences troueraient le plomb de la cuve.

Au lieu de se servir de cuve pour recueillir les gaz, on se sert quelquefois d'une capsule ou d'une terrine *T, pl.* 2, *fig.* 17, et d'un têt échancré sur le côté et troué dans son milieu. On place ce têt renversé dans la capsule ou la terrine ; on verse de l'eau dans ce vase jusqu'à ce que le têt en soit recouvert de quelques centimètres, et on engage l'extrémité du tube qui conduit le gaz dans l'échancrure du têt, de manière que le gaz qui se dégage soit obligé de se rendre dans la cloche.

Cuve hydrargiro-pneumatique (1). — *Pl.* 2, *fig.* 6, plan; *fig.* 4, et 5, coupes suivant les lignes *AB* et *CD*. Elle est construite avec un bloc de marbre ou de pierre calcaire, rectangulaire, creusé intérieurement et supporté par des pieds en bois.

EFGH, fig. 6, table de la cuve.

KL, fosse de la cuve.

Fig. 5. *NN*, rainure destinée à recevoir une planchette semblable à celle qu'on voit pl. 1, *fig.* 30.

Fig. 4. *II*, coupe de cette planchette suivant la ligne *AB.*

Fig. 6 et 4, *OP*, trou creusé dans l'épaisseur du marbre : il est destiné à recevoir le tube gradué contenant le gaz dont on veut mesurer le volume.

Fig. 6 et 5, *R*, échancrure pratiquée à la paroi supérieure de la cuve. Cette échancrure doit être garnie d'une glace au moyen de laquelle on peut facilement observer la hauteur du mercure dans un tube gradué contenant le gaz que l'on veut mesurer, et plongeant, à cet effet, dans le trou *OP*. On doit, pour cette raison, disposer la cuve de manière que cette partie soit très bien éclairée.

La cuve dont on vient de parler contient environ 150 kilog. de mercure. On peut en employer dont les dimensions soient bien moins considérables.

Pour recueillir ou transvaser un gaz d'une cloche dans une autre, on remplit celle-ci d'eau ou de mercure, et on incline la première de manière à engager ses parois sous celle de la seconde; on s'y prendrait de même pour transvaser un gaz d'un flacon dans un autre, si ce n'est qu'on adapterait au goulot de celui-ci un entonnoir renversé.

Petite cuve en porcelaine. — *Pl.* 1, *fig.* 19, coupe et plan.

AA, cuve.

b, fosse.

dd, tablette.

ee, rainure pratiquée dans la tablette et dans laquelle s'engage le tube recourbé.

Cette cuve sert à recueillir les gaz sur le mercure. Elle peut

(1) On pourrait faire cette cuve en bois doublé de tôle vernie.

être assez petite pour ne contenir que 10 à 12 livres de mercure.

Digesteur distillatoire. — Espèce de marmite de Papin, qui a pour objet de traiter par l'alcool ou autres liquides, à l'aide d'une forte pression, les substances végétales ou animales, et de recueillir les produits de la distillation. L'élévation de température qui résulte de cette pression augmente beaucoup l'action de ces liquides sur les substances avec lesquelles ils sont en contact. (*Voy.* la description de ce digesteur par M. Chevreul, *Ann. de Chim.*, xcvi, 148.)

Electrophore. — Instrument dont on se sert dans les laboratoires pour enflammer des mélanges de gaz oxigène et de gaz hydrogène ou autres gaz combustibles. (*Voy.* la théorie de cet instrument et la manière de s'en servir, dans les ouvrages de physique.)

Entonnoirs. — Les entonnoirs dont on se sert dans les laboratoires sont toujours en verre, et contiennent depuis un centilitre jusqu'à deux litres. Les plus petits sont semblables à celui qui est indiqué par la lettre *e, pl.* 16 , *fig.* 1; on en fait usage pour verser les liquides dans les tubes de petit diamètre, et pour transvaser les gaz sur le mercure. Les autres ont la forme ordinaire: on les emploie pour transvaser les gaz sur l'eau, pour remplir un vase d'un liquide quelconque, et pour filtrer les liqueurs qui sont troubles. Voyez *Filtre.* On ne les emploierait que difficilement dans la cuve à mercure, à cause de leur longueur et du peu de profondeur de cette cuve.

Eprouvettes. — Petites cloches longues de verre ou de cristal, *pl.* 1, *fig.* 23, quelquefois munies d'un pied, *fig.* 26. On emploie les premières pour recueillir les gaz sur l'eau, et principalement sur le mercure, et en même temps pour les essayer et en examiner les propriétés dans un grand nombre de circonstances. On ne se sert guère des secondes que pour laisser déposer spontanément les substances tenues en suspension dans les liquides ou pour recevoir ceux-ci après les avoir filtrés. Dans ce dernier cas, on place sur l'éprouvette l'entonnoir qui contient le filtre.

Étau. — Instrument qui sert à tenir fortement serrées les substances que l'on veut user avec la lime, etc.

Etuve. — Lieu où la température étant plus élevée que celle de l'atmosphère environnante, favorise la dessiccation des substances humides. Les étuves que l'on emploie dans les arts ne sont autre chose que des chambres plus ou moins grandes échauffées par des poêles. On peut faire usage d'étuves semblables dans les laboratoires, mais il vaut mieux en employer qui reçoivent leur chaleur d'un quinquet ou de la vapeur d'eau. On se procure facilement ainsi tous les degrés de chaleur dont on besoin, et on a même l'avantage d'avoir une chaleur constante et égale à 100°, en faisant usage de la vapeur d'eau.

Etuve à quinquet (de M. d'Arcet). — *AA, pl.* 2, *fig.* 14, caisse rectangulaire en bois de sapin.

BBBB, côté antérieur s'ouvrant à volonté, et servant de porte à la caisse.

R,R, ouvertures que l'on ouvre et que l'on ferme à volonté avec des bouchons de liège, suivant que l'on veut diminuer ou augmenter la chaleur de l'étuve.

EE, EE, EE: tasseaux fixés sur les côtés de la caisse.

Fig. 15, champignon en tôle composé, 1° d'un plateau *ab* circulaire et légèrement concave inférieurement; 2° de deux tuyaux concentriques, l'un extérieur *dd* de 0^m,08 de diamètre, et de 0^m,14 de hauteur, fixé au plateau *ab* par trois montans de fer *e,e,e*; et l'autre intérieur *gg*, de 0^m,55 de diamètre, faisant corps avec le tuyau *dd* au moyen de petites traverses *ff, ff*. On voit, *fig.* 14, le champignon mis en place et recevant dans son intérieur le verre d'un quinquet allumé.

A, fig. 16, obturateur ou couvercle percé de deux trous *b, c :* cet obturateur s'ajuste à l'extrémité du tuyau *dd, fig.* 16. L'ouverture *c* sert à livrer passage au verre du quinquet *L, fig.* 14; l'ouverture *b* sert à permettre l'élévation de la crémaillère *M*, à mesure que la mèche vient à s'user. L'usage de cet obturateur est d'intercepter le courant d'air qui s'établit entre les tuyaux du champignon, et d'augmenter par cela même la chaleur de l'étuve.

On assujétit cette étuve verticalement dans un des coins du laboratoire, et on place les matières à dessécher sur des grillages de fil de fer soutenus par les tasseaux *EE, EE, fig.* 14. Le maximum de chaleur de cette étuve a lieu lorsque le champignon est muni de son obturateur, et que les ouvertures *RR* sont fermées; la température est alors de 70° à la partie supérieure, et, dans la partie inférieure, elle s'élève au-dessus de l'eau bouillante.

Etuve à vapeur. — Pl. 2, *fig.* 3, *PP, GG*, boîtes cylindriques, dont le fond de l'une, qui est en cuivre, s'adapte avec les bords supérieurs de l'autre qui est en fer-blanc.

R, entonnoir, au moyen duquel on verse de l'eau dans la boîte *GG*.

FF, fourneau servant à porter cette eau au degré de l'ébullition.

P'P', G'G'; P''P'', G''G''; boîtes en fer-blanc s'emboîtant l'une dans l'autre, comme les boîtes *PP* et *GG*.

EE', SS', tuyaux conduisant la vapeur de la boîte *GG* dans les boîtes *G'G', G''G''*.

M, tuyau par lequel sort la vapeur.

Pour faire usage de cette étuve, on verse de l'eau dans la boîte *GG*, au moyen de l'entonnoir *R*; on retire l'entonnoir, et on bouche le conduit *Z*; on porte cette eau à l'ébullition; ensuite on met les substances à dessécher, par couches minces, dans des carrés de papier, ou dans de petites capsules en fer-blanc, et on place ces carrés ou capsules dans la boîte *PP*, que l'on recouvre en partie. Lorsque l'on a beaucoup de matières à dessécher, on les place non-seulement dans la boîte *PP*, mais encore dans les boîtes *P'P', P''P''* ; alors il faut avoir soin d'entretenir constamment bouillante l'eau de la boîte *GG :* autrement on ne pourrait commencer que la dessiccation dans les dernières.

Etuve à huile, pl. 2, *fig.*2.

AA, étuve en cuivre à double paroi. L'espace intermédiaire est rempli d'huile de pied de bœuf, qui se conserve très longtemps sans s'altérer.

EE, thermomètre indiquant la température de l'huile.

C, tubulure pratiquée dans le fond supérieur de l'étuve, et à laquelle on peut adapter un tube, pour conduire au besoin la vapeur huileuse dans une cheminée et se garantir ainsi de toute mauvaise odeur.

B, porte à double paroi, pour introduire dans l'étuve les objets que l'on veut dessécher à une température donnée.

DD, registre qui sert à régler le feu.

GG, fourneau.

Etuve à courant d'air sec, pl. 2, *fig.* 1.

a'aa, tube de verre effilé et ouvert en *a'*, rempli de fragmens de chlorure de calcium et soutenu par le support à mâchoire *bb*.

dd, petit tube de verre, plongeant presqu'au fond d'un bocal dans lequel on met la matière à dessécher; cette matière peut être placée sur des verres de montre, que l'on pèse de temps à autre pour savoir combien elle perd et à quelle époque elle cesse de perdre.

f, vase de cuivre contenant de l'eau pure ou chargée de chlorure de calcium.

gg, fourneau sur lequel est placé le vase de cuivre pour échauffer le liquide, le porter à une température déterminée ou le faire bouillir.

hh, petit tube de verre qui part du bocal où se met la matière à dessécher, et qui s'adapte à la partie supérieure du tonneau *ii*.

ii, petit tonneau en bois plein d'eau.

r, robinet adapté à la partie inférieure et latérale du tonneau.

oo, vase pour recevoir l'eau à mesure qu'elle s'écoule.

Rien de plus facile que de se servir de cette étuve. Lorsque la matière à dessécher a été placée dans le bocal, et que le li quide du vase de cuivre a été porté à la température convenable, on tourne le robinet *r* du petit tonneau de bois; l'eau s'écoule et détermine un courant d'air qui, poussé par *a'* à travers le chlorure de calcium, se dessèche, arrive dans le bocal par le tube *dd*, puis par le tube *hh* dans le tonneau *ii*, à mesure que l'eau s'écoule.

Eudiomètre. — Instrument dont on se sert pour analyser certains gaz, et principalement l'air atmosphérique : on en connaît plusieurs.

Eudiomètre très simple, à gaz hydrogène, pl. 2, fig. 7. — *AB*, tube de verre très épais, plus ou moins cylindrique, ouvert en *B*, et fermé supérieurement par un bouchon *C* en cuivre jaune ou en fer, qui est surmonté d'une tige *D*, terminée par une boule de même métal que le bouchon.

LL, fig. 8, fil de cuivre ou de fer tourné en spirale, aussi long que le tube *AB*, et terminé supérieurement par une boule *L*.

Les dimensions de cet instrument peuvent varier : celui dont on fait le plus souvent usage a $0^m,22$ de long; son diamètre intérieur est de $0^m,022$; l'épaisseur de ses parois est de $0^m,005$. Il ne faudrait pas qu'il fût beaucoup moins épais, parce qu'il pourrait être brisé dans le cours des expériences.

Lorsqu'on veut se servir de cet instrument pour faire, par exemple, l'analyse de l'air dans la cuve hydro-pneumatique, on commence par remplir d'eau le tube *AB, fig.* 7, en ayant soin de n'y laisser aucune bulle d'air; on le renverse ainsi plein d'eau sur la tablette de la cuve; ensuite on mesure successivement 100 parties d'air atmosphérique (1) et 100 parties de gaz hydrogène (2) dans le tube gradué, et on les fait passer, au moyen d'un entonnoir, dans le tube *AB*; puis, après avoir essuyé avec un linge ou du papier joseph bien sec la boule et la tige de cuivre *D*, on introduit dans l'intérieur du tube *AB* le fil de cuivre *LL*, de telle sorte que la boule *L* soit à une très petite distance du bouchon *C*, comme on peut le voir *fig.* 7. Tenant toujours plongée dans l'eau la portion inférieure du tube *AB*, et la bouchant avec l'index sans déranger le fil, on approche de la boule *D*, à distance explosive, le crochet d'une bouteille de Leyde chargée d'électricité, ou le plateau supérieur d'un électrophore également électrisé : à l'instant même on voit l'étincelle pénétrer dans l'intérieur du tube, et enflammer le mélange des

(1) On pourrait prendre une plus grande quantité de gaz; mais il ne faudrait pas en prendre moins de 50 parties pour obtenir un résultat sur lequel on pût compter.

(2) On prend ici 100 parties d'hydrogène, afin qu'il y en ait un excès par rapport au gaz oxigène, et que l'on soit certain que tout le gaz est consommé.

gaz qu'il contient. Il ne s'agit plus alors que de mesurer le gaz résidu, de le retrancher des 200 parties de gaz oxigène et hydrogène sur lesquelles on a opéré, et de diviser la différence par trois, pour avoir la quantité d'oxigène que contient l'air soumis à l'expérience. (Voyez *Analyse de l'air*, 1er volume, page 209.)

Toutes les fois qu'on opère sur l'eau, il faut employer l'eudiomètre dont le bouchon et la tige sont en laiton, parce que le fer s'oxide peu-à-peu par le contact de l'eau et de l'air; l'on doit, au contraire, employer l'eudiomètre dont le bouchon et le fil sont en fer toutes les fois qu'on opère sur le mercure, parce que le mercure attaque le cuivre jaune et n'attaque pas le fer.

Eudiomètre précédent modifié par M. Gay-Lussac, pl. 2, fig. 9. — Cet eudiomètre ne diffère de celui que nous venons de décrire que par l'extrémité inférieure et la partie moyenne. Cette partie correspond extérieurement à une sorte de main en métal *M* destinée à fixer l'instrument pendant qu'on opère, et terminée pour cela par une virole brisée que la vis *v* presse contre l'eudiomètre. Quant à l'extrémité inférieure, elle présente d'abord une virole *gh* qui a pour objet de donner de la solidité à l'instrument; l'on voit ensuite qu'à cette virole est fixée, par une vis *q*, une plaque circulaire *ik* mobile autour de la vis qui lui sert d'axe; d'ailleurs elle est percée, à son centre, d'une ouverture conique fermée par une soupape qui, lors de son mouvement, est maintenue par la tige *m n*, et dont la petite goupille fixe l'étendue de l'ascension. Enfin, pour que la plaque *ik* ait plus de solidité, elle entre dans une petite échancrure *k* pratiquée dans le prolongement *l* de la virole *gh*. Au moment de l'explosion, la soupape, pressée de haut en bas, reste évidemment fermée; mais aussitôt qu'il se fait un vide dans l'eudiomètre, l'eau soulève la soupape et vient le remplir.

Eudiomètre de Volta, pl. 2, fig. 11. — Cet eudiomètre est très grand, et n'est employé, pour ainsi dire, que dans les cours de chimie pour servir aux démonstrations.

AB, tube de verre très épais, de 20 à 25 centimètres de long, sur environ 4 centimètres de diamètre.

C, pied de l'instrument en cuivre jaune, évasé et creusé en forme d'entonnoir, surmonté d'une virole *M*.

D, robinet dont la tige creuse se visse à la virole *M*, et au moyen duquel est établie ou interceptée, à volonté, la communication de l'intérieur de l'instrument avec l'extérieur.

E, virole fixée avec du mastic à l'extrémité *B* du tube *AB* et se vissant au robinet *D*.

C'D'E', partie supérieure de l'instrument composée des mêmes pièces que l'inférieure : seulement le bassin *C'* est moins évasé que le pied *C*.

F, petite tige de cuivre horizontale fixée à la virole *B'*, se terminant extérieurement par une boule, et intérieurement à une très petite distance de la paroi interne de la virole *E'*. Cette tige traverse un petit tube de verre *H*, enduit extérieurement de résine et formant isoloir. Elle est destinée à porter l'étincelle électrique dans l'intérieur du tube *AB*.

AB, fig. 10, tube de verre divisé en un grand nombre de parties égales.

B, virole en cuivre jaune, fixée avec du mastic au tube, et se vissant à l'extrémité supérieure du conduit qui fait communiquer, au moyen du robinet *D'*, l'intérieur du tube *AB* avec l'extérieur.

On fait usage de cette espèce d'eudiomètre, par exemple, dans l'analyse de l'air par le gaz hydrogène, de la manière suivante :

On ouvre les robinets *D,D', fig.* 11, et l'on plonge l'eudiomètre perpendiculairement dans l'eau de la cuve hydro-pneumatique. Ensuite on ferme le robinet inférieur, et l'on verse de l'eau dans le bassin supérieur, jusqu'à ce que ce bassin et, à plus forte raison, l'eudiomètre en soient remplis; puis on ferme le robinet supérieur, on rouvre le robinet inférieur, et l'on place l'eudiomètre sur la table de la cuve, en ayant soin de ne point laisser entrer d'air sous le pied de l'instrument. Alors on fait passer dans le tube *AB* les gaz mesurés dans le tube gradué. On referme le robinet inférieur; on essuie la boule et la tige *F*, et l'on fait passer l'étincelle électrique par cette tige, de la même manière que nous l'avons dit précédemment pour le petit eudiomètre à gaz hydrogène. Cela fait, on rouvre de nouveau, pour un instant, le robinet inférieur, afin de permettre à l'eau de remplir le vide formé, et on mesure le résidu gazeux. Pour cela, on remplit d'eau le bassin supérieur *C'*, et on en remplit également le tube gradué; on le visse par son extrémité *B* à l'orifice supérieur du conduit placé au-dessus du robinet *D'*, et on ouvre ce robinet lui-même. Par ce moyen, le gaz s'élève à l'instant dans le tube gradué. Lorsqu'il est passé tout entier, on dévisse ce tube; on en bouche l'orifice avec le doigt, et on le plonge dans une éprouvette remplie d'eau, etc. Si ce résidu excédait la capacité du tube gradué, on l'y ferait passer en deux fois en fermant le robinet *D'* au moment où l'on verrait que le tube serait près d'être plein.

Filtre. — On donne le nom de *filtre* aux substances à travers lesquelles on fait passer des liquides que l'on veut clarifier. Il y a des filtres en sable, en pierre poreuse, en charbon, en papier non collé, en toile, en crin, en laine, etc. Ceux qu'on emploie dans les laboratoires sont presque toujours en papier.

Lorsqu'on a une grande quantité de liqueur à filtrer, on emploie un châssis en bois AA, *pl.* 2, *fig.* 17, garni de pointes de fer. On place sur le châssis une toile B que l'on tend légèrement et que l'on attache aux pointes de fer. On étend ensuite une ou deux feuilles de papier joseph sur cette toile ; on y verse le liquide que l'on veut filtrer, et on le recueille dans une terrine T.

Mais lorsqu'on n'a qu'une petite quantité de liqueur à filtrer, ce qui arrive le plus souvent, on donne au filtre la forme d'un entonnoir : à cet effet, on prend un carré de papier, on le plie en quatre, de manière à lui conserver encore la forme de carré; ensuite on lui donne celle d'un éventail fermé en le plissant convenablement ; on le coupe par son extrémité supérieure ; on l'ouvre, comme on le voit en A, *fig.* 12, et on le dispose dans l'entonnoir, comme on le voit *fig.* 12 et 13. Le filtre étant bien enfoncé dans l'entonnoir, on y verse le liquide et on le reçoit dans un vase. On place ordinairement l'entonnoir sur un support en bois percé d'un seul trou, *fig.* 12, CC, ou percé de plusieurs trous, *fig.* 13.

Ce dernier support est formé d'une planche DD soutenue par des montans EE. Les trous A, A, A, A, dont il est percé sont de diverses grandeurs et susceptibles de recevoir les entonnoirs B, B, B, B.

Fioles. — Petites bouteilles de verre commun, *pl.* 3, *fig.* 1. La minceur de leur paroi, qui leur permet de supporter facilement l'action du feu, et la modicité de leur prix les rendent d'un usage très fréquent dans les opérations chimiques.

Flacon. — Vase cylindrique de verre ordinaire ou de cristal, *pl.* 3, *fig.* 2.

Les flacons de verre ordinaire ont le fond bombé en dedans comme celui d'une bouteille, et portent ordinairement le nom de *flacons à goulot renversé.* On les ferme avec un bouchon de liège. On les emploie fréquemment pour renfermer soit des gaz, soit des liquides ou autres substances qui n'ont point d'action sur le liège.

Les flacons de cristal ont un fond plat et se ferment avec un bouchon de cristal usé à l'émeri, ce qui leur a fait donner le nom de *flacons à l'émeri* : on les emploie principalement pour conserver les liquides ou les gaz acides.

La grandeur des flacons de verre ou de cristal varie depuis 1 centilitres jusqu'à 8 et 10 litres.

Outre les flacons de cristal dont nous venons de parler, il en existe d'autres qui sont à très large ouverture. (*Voyez* le flacon B, *pl.* 3, *fig.* 2). On les emploie pour conserver à l'abri du contact de l'air certaines substances solides que l'on ne veut pas diviser.

Flacons de Woolf ou *Flacons tubulés.* — Flacons de verre qui ont deux ou trois ouvertures ou goulots B, B, B à leur partie supérieure, *pl.* 3, *fig.* 3. On les appelle encore *flacons de Woolf*, du nom de leur inventeur. On emploie principalement les flacons tubulés pour monter l'appareil qui est connu sous le nom d'*appareil de Woolf*, et à l'aide duquel on sature les liquides de gaz. Cet appareil consiste en un certain nombre de ces flacons munis de tubes de sûreté et communiquant entre eux, et avec une cornue, ou un ballon, ou un matras, par le moyen de tubes intermédiaires, comme on le voit, *pl.* 3, *fig.* 5, 6, 7.

Fig. 7. AA, fourneau évaporatoire sur lequel on a placé un bain de sable BB.

C, ballon reposant sur le bain de sable BB.

LL, substances contenues dans le ballon, et d'où peut se dégager successivement une grande quantité de gaz.

D, D', D', flacons tubulés contenant les liquides $FF, F'F', F''F''$, destinés à absorber le gaz qui doit se dégager du ballon C.

M, bouchon de liège percé de deux trous et fermant très exactement le col du ballon C.

SS, tube à trois branches parallèles entrant à frottement dans l'une des ouvertures du bouchon M.

EE, tube recourbé entrant par son extrémité la plus courte dans l'autre ouverture du bouchon M.

M', bouchon de liège adapté à la tubulure R du flacon D, et percé d'un trou à travers lequel passe la longue branche du tube EE pour plonger dans le liquide FF.

$E'E'$, $E''E''$, $E'''E'''$, tubes recourbés établissant une communication entre le flacon D et les flacons D', D'' et l'éprouvette I, de la même manière que le tube EE en établit une entre le ballon C et le flacon D.

Les extrémités H, H', H'' de ces tubes ne doivent entrer que de quelques centimètres dans les flacons D, D', D'', et les extrémités G, G', G'', G''' doivent plonger dans les liquides $FF, F'F', F''F''$, et F''.

P, P', P'', tubes de sûreté droits, adaptés à l'aide de bouchons aux tubulures moyennes des flacons D, D', D'', et plongeant de quelques millimètres dans les liquides $FF, F'F', F''F''$. (Voy. *Tubes de sûreté*, 1, vol., pag. 186.)

L'appareil *fig.* 5 ne diffère du précédent qu'en ce que le ballon C ne porte point de tube en trois, C'est pourquoi l'extrémité G du tube EE ne doit point plonger dans le liquide du flacon D; car, s'il y plongeait, rien ne garantirait le ballon C de l'absorption (129 *bis*).

L'appareil *fig.* 6 diffère surtout du précédent en ce que les matières LL d'où doit se dégager le gaz sont placées dans une cornue, et que la communication entre cette cornue et le reste de l'appareil est établie par des tubes de sûreté à boule, tubes qui font tout-à-la-fois fonction de tubes recourbés ordinaires et de tubes de sûreté droits, et qui, par là même, n'exigent que des flacons à deux tubulures. Les boules de ces tubes doivent être à moitié pleines d'eau (Voyez *Tubes de sûreté à boule*) (129 *bis*). Il est évident qu'on pourrait employer à volonté un ballon, un matras ou une cornue dans l'un ou l'autre de ces appareils, en donnant au tube EE la forme convenable. Dans tous les cas, les bouchons doivent avoir la forme des ouvertures qu'ils sont destinés à fermer, et doivent y entrer à frottement jusqu'à la profondeur d'environ 2 centimètres.

Les tubes doivent également entrer à frottement dans les trous dont les bouchons sont percés.

Il est même bon, afin de rendre la jonction plus intime, d'enduire d'un peu d'empois les parties du bouchon et du tube sur lesquelles le frottement doit s'exercer; on peut aussi recouvrir de lut le bouchon après l'avoir adapté aux tubulures (voyez *Lut*), et même appliquer des bandes de papier collé sur ce lut. Enfin, pour peu que le verre de l'ouverture qu'on veut boucher soit mince, on doit l'assujétir en l'entourant d'un fil un peu fort : c'est ce qu'on doit faire particulièrement pour le col des cornues.

Fourneau. — Instrument dont on se sert pour soumettre différentes substances à l'action du feu. Les fourneaux sont en terre cuite, en brique ou en fonte. On en distingue de plusieurs espèces.

Fourneau évaporatoire, pl. 7. *fig.* 6, 7 et 8.

$a a$, foyer où se place le combustible.

$b b$, cendrier dans lequel se rassemblent les cendres du foyer.

c, porte du foyer.

d, porte du cendrier que l'on ouvre à volonté pour livrer passage à l'air qui doit servir à la combustion.

e, e, e, e, échancrures par lesquelles s'échappe l'air qui a servi à la combustion lorsque le fourneau est chargé d'une bassine ou d'une capsule, etc.

f, f, anses du fourneau.

$g g$, grille du fourneau qui sépare le foyer du cendrier.

Ce fourneau est toujours formé d'une seule pièce.

Au lieu du fourneau évaporatoire que l'on vient de décrire, on se sert avec beaucoup de succès et d'économie d'un creuset rond que l'on perce de quelques trous à la partie inférieure et latérale, et dans lequel on place une petite grille en terre cuite qui porte des échancrures, semblables à celles que l'on voit, *pl.* 8, *fig.* 2. La capsule se place sur le creuset même, et la combustion se règle facilement.

Fourneau à réverbère de laboratoire, *pl.* 7, *fig.* 10, 11, 12 et 13.

a a, foyer dont on voit la grille *o o*, *fig.* 13.

b b, cendrier.

c, d, portes du foyer et du cendrier.

e e, laboratoire, s'ajustant sur le foyer *a a*.

ff, dôme terminé par une cheminée et servant à réfléchir la chaleur sur la cornue *hhh*, disposée comme on le voit dans le laboratoire *e e*, *fig.* 10.

t t, barres de fer servant à supporter la cornue *hh*.

l l, échancrure pratiquée, partie dans la paroi du laboratoire et partie dans la paroi du dôme, servant à laisser passer le col de la cornue *h h h*.

n,n,n,n, anses du fourneau.

ii, ii, ii, bandes ou fil de fer dont on entoure le fourneau pour lui donner plus de solidité.

Fig. 12. Pièces du fourneau à réverbère séparées les unes des autres.

On voit, d'après cette description, que le fourneau à réverbère est toujours formé de trois pièces; d'une pièce inférieure, où se trouvent le cendrier et le foyer; d'une pièce intermédiaire ou laboratoire, et d'une pièce supérieure, ou réverbère, ou dôme.

Fourneau de coupelle de laboratoire. — Fourneau quadrangulaire en terre dont on se sert pour séparer l'or et l'argent des métaux avec lesquels ils sont alliés.

Pl. 7, *fig.* 15 et 14. Plan et élévation du fourneau de coupelle.

Fig. 16. Coupe verticale des diverses parties du fourneau séparées.

Fig. 14, *ll*, cendrier dont les parois intérieures sont entaillées depuis la partie supérieure jusqu'au niveau de *m m*.

g'', porte du cendrier.

e e d' d', prisme triangulaire creux, composé du laboratoire *e e* et du foyer *d' d'*, et dont la partie inférieure est reçue dans l'entaille *m m* du cendrier.

x x', *fig.* 15, grille en terre, percée de trous carrés, et placée à la partie inférieure du foyer *éé*, dont les parois se rétrécissent intérieurement pour lui servir de point d'appui, comme on le voit *fig.* 16.

g', *fig.* 14, porte intérieure du foyer. Outre cette porte, il en existe deux de même grandeur sur les côtés.

g, porte servant à fermer l'ouverture d'une espèce de petit four qu'on appelle *moufle*. Cette moufle est destinée à contenir les coupelles ou petits vases poreux dans lesquels on place les matières qu'on veut essayer.

La *fig.* 17 représente une moufle vue de face et de côté, et renfermant deux petites coupelles *a'*, *a'*.

a, *fig.* 16, représente cette même moufle placée dans le fourneau, et soutenue antérieurement par une saillie de la paroi de ce fourneau, et postérieurement par une brique traversant l'ouverture dans laquelle elle est assujettie par de la terre.

u, *fig.* 16, tablette rectangulaire en terre, faisant corps avec le fourneau et permettant d'approcher et d'éloigner à volonté la porte *g* de la moufle.

hh, *fig.* 14, ouvertures ou registres par lesquels on introduit une tige de fer pour faire tomber le charbon dans l'intérieur du fourneau.

n n, dôme en forme de pyramide quadrangulaire, s'ajustant inférieurement au prisme *e e d' d'*.

o, porte en fer munie de deux anneaux et dont la paroi intérieure est recouverte de terre. Cette porte ferme une ouverture qu'on appelle *gueulard* : c'est par cette ouverture qu'on charge le fourneau.

Fig. 18, *ss*, crochet vu de face et de côté, s'engageant dans les anneaux *pp*, *fig.* 14, et servant à ouvrir le gueulard.

v v, *fig.* 14, anses du dôme.

r, cheminée du dôme, que l'on surmonte ordinairement d'un tuyau en tôle, pour augmenter le *tirage* du fourneau.

i i i i i, bandes de fer serrées avec des vis et des écrous, et servant à maintenir les différentes parties du fourneau.

Fourneau à vent. — Fourneau surmonté d'une très haute cheminée qui en rend le tirage considérable, *pl.* 8, *fig.* 5 et 6.

f, grille qui se compose de barreaux mobiles que l'on peut ôter et mettre à volonté. Le foyer est au-dessus et compris entre *f* et *B*.

d, cendrier.

B, porte du fourneau placée sur la partie faisant avant-corps et comprenant le foyer et le cendrier. C'est par l'ouverture que ferme la porte *B* que l'on introduit le creuset et que l'on verse le charbon. Le creuset se place sur une tourte, ou cylindre, ou fromage en terre.

CC, haute cheminée.

rr, registre qu'on ouvre plus ou moins.

Fig. 5, coupe verticale, d'avant en arrière, passant par le milieu de la porte *B* et par *f*.

Fig. 6, fourneau vu de face, mais dont le foyer, faisant avant-corps, se trouve coupé verticalement par le milieu.

Fourneau de forge, *pl.* 8, *fig.* 1, placé sur un bâtis portatif en briques.

A A, grand creuset en terre bien cuite et réfractaire entouré de tôle.

e e, grille échancrée présentant une éminence pour placer le creuset. Cette grille est représentée séparément, *fig.* 2.

m m, soufflet dont on voit la chaîne pour le mettre en jeu. On doit mettre dessus quelques barres de fer pour rendre le courant d'air plus rapide.

dd, tuyau qui porte l'air dans le cendrier du fourneau, et de là, par les échancrures, à travers le charbon.

Cette sorte de fourneau, quoique très petit et servi par un soufflet au-dessous de la moyenne grandeur, donne une chaleur considérable et permet de fondre l'acier très promptement lorsqu'on se sert de coke.

Le creuset est placé sur la partie proéminente de la grille; on l'entoure de charbon de bois en partie allumé, puis on remplit le fourneau d'un mélange de coke et de charbon de bois, et on met peu-à-peu le soufflet en jeu, de manière à ne donner tout l'air, au besoin, qu'au bout de 13 à 14 minutes.

On se sert de fourneaux évaporatoires pour évaporer les liquides et pour faire différentes opérations qui n'exigent qu'un faible degré de chaleur. On les charge de charbon par la porte *o* (*pl.* 7, *fig.* 6) lorsqu'ils sont recouverts d'un vase qui ne permet point de les charger par l'ouverture supérieure.

On se sert du fourneau à réverbère lorsqu'on veut exposer les corps à un degré de chaleur beaucoup plus fort que celui qu'on peut produire dans un fourneau évaporatoire; on le charge constamment par la cheminée *g* (*pl.* 7, *fig.* 10). Quelquefois on surmonte cette cheminée d'un tuyau d'un à deux mètres de hauteur; on peut aussi adapter la douille d'un soufflet à l'ouverture du cendrier *d*, pour augmenter le feu. Les opérations qu'on fait dans ce fourneau s'exécutent presque toutes avec des cornues de grès, des tubes de porcelaine, et des creusets de terre ou de platine. On dispose les cornues et les tubes comme on le voit *pl.* 7, *fig.* 10, et *pl.* 5. *fig.* 5 : quant aux creusets, ou les place sur un fromage qui repose immédiatement sur la grille.

Le fourneau de coupelle ne s'emploie pas fréquemment dans les laboratoires : on en fait seulement usage pour séparer l'or et l'argent du cuivre et du plomb, et pour calciner ou oxider certains métaux; on le charge d'abord par la porte *o* (*pl.* 7, *fig.* 14) et, dans le cours de l'opération, par la cheminée. *r.*

Enfin, l'on se sert du fourneau de forge toutes les fois qu'on veut soumettre un corps à un très haut degré de chaleur ; on place ce corps dans un creuset, et ce creuset, à l'aide d'un fromage, sur la grille de la forge : il faut assujétir le creuset sur le fromage avec un lut infusible d'argile et de sable, et fixer de la même manière le couvercle que doit porter le creuset ; ensuite on remplit la forge de charbon en partie allumé, et l'on souffle peu-à-peu. Il est essentiel de bien graduer le feu pour éviter la fracture du creuset : à cet effet, le tuyau qui amène le vent, se trouve muni d'un registre qu'on peut ouvrir plus ou moins, et qui permet de rendre le courant d'air plus ou moins fort. Lorsque le soufflet est très grand, on en donne rarement tout le vent ; on ne le donne tout au plus qu'à la fin de l'opération, pendant quelques minutes : autrement on courrait risque de fondre le creuset. Les opérations qui exigent le coup de feu le plus fort et le plus prolongé durent tout au plus deux heures, à dater du moment où l'on met le charbon dans la forge. Aussitôt qu'elles sont finies, on doit fermer le registre, pour que l'air chaud ne s'élève point par le tuyau jusqu'au soufflet.

Il arrive assez souvent que les grilles des fourneaux sont engorgées de cendre à tel point que l'air ne passe plus que difficilement à travers ; il arrive aussi quelquefois que le charbon s'arrête en quelque point du fourneau et ne tombe pas dans le foyer ; on doit alors dégorger la grille et faire tomber le charbon avec un ringard ou tige de fer, en ayant soin d'ailleurs de ne point déranger les vases que l'on soumet à l'action du feu.

6° *Fourneau d'usine à réverbère, pl.* 8, *fig.* 3, coupe verticale suivant la ligne *CD* de la *fig.* 4 ; *fig.* 4, coupe horizontale suivant la ligne *AB* de la *fig.* 3.

Fig. 3, *EE*, laboratoire portant le nom de *sole* : on y place les matières à calciner.

M, petit mur en briques qui sépare le foyer des matières placées sur la sole *EE* : on le nomme *autel.*

FF, voûte surbaissée en briques recouvrant le fourneau supérieurement.

G, foyer.

I, grille sur laquelle on place le combustible.

T, bouche ou partie du fourneau par laquelle l'air s'introduit dans le foyer.

H, cheminée.

Fig. 4, *L*, ouverture latérale par laquelle on porte le combustible sur la grille.

P, autre ouverture latérale servant à introduire dans le fourneau les substances que l'on veut calciner.

N, autre ouverture encore, mais située à l'extrémité du fourneau. C'est par cette dernière qu'on introduit un ringard pour remuer les matières qui sont sur la sole, et c'est aussi par elle qu'on les retire du fourneau.

Une fois le fourneau en feu, on ne se sert plus que de coke concassé convenablement. Celui-ci a deux avantages : le premier de donner plus de chaleur, le second de moins attaquer par sa cendre la paroi du fourneau que le charbon de bois.

Fourneau d'usine à coupelle, pl. 9 *bis, fig.* 2, plan pris au niveau du pont ; *fig.* 1, coupe verticale suivant la ligne 1, 2 ; *fig.* 3, coupe verticale suivant la ligne 3, 4 passant par la tuyère et la rigole des litharges.

A, chauffe.

B, pont.

C, intérieur de la coupelle.

D, épaisseur de la coupelle.

EE, sole en briques.

F, assises de scories pour l'humidité.

GG, dalles recouvrant les canaux.

HH, canaux d'évaporation.

I, cendrier.

K, massifs extérieurs.

LLL, voûtes de la chauffe.

MM, voûte mobile de la coupelle.

NM, chaînes pour enlever la voûte.

OOOO, encaissement de la voûte mobile.

P, encaissement sur la voûte de la chauffe pour sécher les argiles, &.

Q, grille.

R, R, R, tuyères.

S, ouvreau pour le filage.

T, ouvreau pour le travail et l'écoulement des litharges.

U, poitrine de la coupelle dans laquelle se pratique la rigole pour l'écoulement des litharges.

V, portion de cheminée pratiquée au-dessus de l'ouvreau du travail pour absorber la fumée plombense ; on la surmonte d'un tuyau en tôle.

X, cheminée du tirage ; on peut la supprimer.

Y, portière de la chauffe.

Z, pilier pour supporter la voûte de la chauffe et diviser la flamme.

a, garniture en brique de l'intérieur du fourneau.

Fourneau à manche, pl. 9 *bis, fig.* 6, plan pris au niveau de la tuyère ; *fig.* 4, élevation ; *fig.* 5, coupe verticale passant par le milieu de la tuyère et du bassin d'avant-foyer.

A, embrasure de la tuyère.

B, tuyère.

C, bassin d'avant-foyer.

D, bassin de percée.

E, sole et rigole intérieure.

F, canal de percée.

G, brasque légère.

H, brasque pesante.

I, assise de sable.

K, scories pour l'humidité.

O,O, évens pour l'humidité.

L, chemise intérieure.

M, gueulard.

N, cheminée.

P,P, ouvreaux pour le travail.

RR, plaque en fonte pour la percée.

S, escalier pour le chargement.

T, armatures du fourneau.

Fourneau propre à convertir le minerai de fer en fonte (899), ou *haut fourneau, pl.* 9.

Fig. 1, coupe verticale, suivant la ligne *AB* de la coupe horizontale, *fig.* 4.

Fig. 2, vue de face du fourneau, du côté de la sortie du métal en fusion.

Fig. 3, plan du fourneau, vu au-dessus du gueulard.

Fig. 4, coupe horizontale prise au-dessus du creuset suivant la ligne *A'B'* de la *fig.* 1.

G, gueulard, qui donne issue aux gaz et à la flamme.

L, ouverture latérale par laquelle on jette le charbon, le minerai et le fondant dans le fourneau. Ces substances, disposées convenablement dans la maison de chargement *H*, sont traînées jusqu'au gueulard sur le pont *P*.

C, cuve ; elle doit être constamment pleine de charbon, de minerai et de fondant ; sa forme est celle d'un cône tronqué.

V, ventre du fourneau, espace cylindrique.

E, étalage, cône tronqué renversé : la température y est plus élevée que dans la cuve.

O, ouvrage, partie du fourneau placée immédiatement au-dessus des 3 tuyères par lesquelles le vent arrive des machines soufflantes, et où la chaleur est beaucoup plus grande que partout ailleurs ; c'est là qu'achèvent de se former la fonte, et les scories ou laitier qui se rassemblent à l'état liquide dans le creuset.

T,T, tuyères, placées immédiatement au-dessus du creuset *S*. Il y en a trois dans les fourneaux à coke. On les voit très distinctement dans la *fig.* 4; elles reçoivent le vent d'un tuyau commun $T''T''$; deux sont opposées l'une à l'autre; leur vent se croise à angle droit avec celui de l'autre. Leur extrémité conique T prend le nom de *buse*.

S, *creuset*, ou se rendent en même temps la fonte et le laitier, et dont la partie supérieure est un peu au-dessous des tuyères.

Le creuset est plus large que l'*ouvrage*; on y voit une partie ouverte DY, par laquelle s'écoule peu-à-peu le laitier sur le plan incliné DN. D s'appelle la *dame*; Y, la *tympe* : celle-ci est la partie inférieure de l'ouvrage.

a, *fig.* 4, trou de coulée ou petite ouverture pratiquée au fond du creuset, et que l'on tient bouchée pendant que le creuset se remplit de fonte. Lorsqu'il en est plein, on débouche le trou de coulée avec un ringard pour permettre à la fonte de s'écouler et de venir se mouler dans le sable; puis on le rebouche immédiatement et l'on continue le travail.

bbbb, *fig.* 1, 2 et 3, armatures extérieures du fourneau.

cccccccc, armatures intérieures.

KKKK, *fig.* 1, 2 et 4, galerie circulaire.

XXX, conduits pour recevoir l'eau provenant de l'humidité du terrain.

Fromage ou *tourte*. — Petit cylindre de terre cuite de 5 à 6 centimètres de diamètre et de 2 à 3 centimètres d'épaisseur. On s'en sert pour élever les creusets au-dessus de la grille des fourneaux, et les exposer à la plus grande intensité de la chaleur.

Gazomètre. — (*Voy.* (168 *bis*) composition de l'eau.)

Grilles en fil de fer. — On les place sur les fourneaux évaporatoires pour soutenir les fioles, etc., dans lesquelles on fait bouillir divers liquides.

Hotte. — Nom que l'on donne à la partie inférieure et évasée de la cheminée d'un laboratoire.

Laboratoire de chimie. — Lieu où les chimistes exécutent leurs opérations.

On choisit, pour un laboratoire, un lieu bien éclairé et à l'abri de l'humidité; il faut qu'on puisse y renouveler l'air à volonté. Sur l'un des côtés où doit se trouver la cheminée, on fait construire une hotte $AAAA$, *pl.* 6 *fig.* 1.

Au-dessous de la hotte, on fait établir une paillasse DD de même longueur, et d'environ 5 décimètres de hauteur, sur 6 à 7 décimètres de profondeur.

A cet effet, on construit en briques plusieurs jambages $C,C,$ C,C,C, sur lesquels on pose des barres de fer qui doivent servir à supporter un rang de briques que l'on assujettit convenablement avec du plâtre; on fait ensuite carreler la partie DD, et on la maintient au moyen d'une barre de fer plate FF', dont on

scelle les deux extrémités dans le mur. Sur cette paillasse on aperçoit plusieurs fourneaux et autres objets que nous allons désigner ci-après.

N, fourneau évaporatoire, dont on voit la cheminée en $N'N'$ et le cendrier en O.

Q, fourneau de forge alimenté par le soufflet à deux vents SS dont le tuyan LLL communique au cendrier Q' de la forge. (*Voyez* précédemment *Fourneau de forge*.)

$VVVV, V'V'V'V'$, avant-corps construits sur la paillasse, l'un à droite, l'autre à gauche, contenant les cheminées des divers fourneaux qu'on y a pratiqués vers le bas, et dont on voit les portes verticales en E,G,R, mobiles au moyen de crémaillères, pour augmenter ou diminuer le tirage.

E',M,R', cendriers respectifs des fourneaux E,G,R.

L,L', portes des foyers du fourneau G : la première sert à recevoir du charbon, et la deuxième à recevoir du bois, suivant que l'on veut chauffer avec l'un ou l'autre combustible.

$ZZZZZ, ZZZ$, ouvertures munies de soupapes communiquant avec un conduit étroit pratiqué dans chacun des avant-corps $VVVV, V'V'V'V'$, et destinées à recevoir les gaz ou vapeurs délétères au moyen des tubes qu'on y fait rendre.

I, fourneau à vent établi dans la partie droite de la paillasse, et dont la cheminée, très élevée, passe dans l'avant-corps VVVV.

I', cendrier de ce fourneau.

X, tige plate de fer servant à faire mouvoir la soupape destinée à ouvrir ou fermer la cheminée de la hotte.

P,P,P,P, espaces vides servant à recevoir du charbon ou autres objets.

KK' portion de tuyau portant, au besoin, le vent du soufflet SS dans le cendrier d'un fourneau au moyen du registre H qu'on peut ouvrir ou fermer à volonté.

Dans le mur de la cheminée, on fait sceller des tringles de fer pour suspendre les pincettes, les cuillers à projection, etc. A l'une des extrémités du laboratoire doit être un réservoir d'eau commune et une pierre à laver munie de son dégorgeoir : si l'on n'avait pas de réservoir, il faudrait avoir une fontaine de grès pour l'eau commune. Le fréquent usage qu'on est obligé de faire de l'eau distillée exige que l'on ait une seconde fontaine pour celle-ci.

Sur les côtés libres du laboratoire, on doit faire placer des armoires vitrées et garnies de rayons de différentes grandeurs, pour y placer les flacons et les bocaux où l'on veut conserver différens produits : ces flacons et ces bocaux doivent être bouchés et étiquetés avec beaucoup de soin. Au milieu du laboratoire doit se trouver une table en bois de chêne munie de plusieurs tiroirs; il faut que l'on puisse tourner librement à l'entour : on se réglera, pour ses dimensions, sur celles du laboratoire.

La cuve hydrargyro-pneumatique, ainsi que la cuve hydro-pneumatique, doivent être placées dans le lieu le plus éclairé du laboratoire.

Pour peu que l'on ait d'opérations ou d'analyses à faire, il est presque indispensable d'avoir une ou deux pièces attenantes au laboratoire : ces pièces sont destinées à placer beaucoup de substances et d'instrumens que les vapeurs acides pourraient altérer. Ainsi, il faudra qu'elles soient munies de tables et d'armoires vitrées et garnies de rayons : il faudra surtout qu'elles soient à l'abri de l'humidité.

Au-dessus de ces armoires, on place les cornues, les matras les flacons, les creusets, les fioles à médecine, etc., etc.

Lampe à esprit-de-vin. — Lampe ordinaire dans laquelle on met de l'esprit-de-vin ou alcool au lieu d'huile.

Pl. 6, *fig.* 6, *élévation et plan de la petite lampe à esprit-de-vin.* On s'en sert particulièrement pour chauffer la cloche courbe *pl.* 13, *fig.* 4, sur le mercure : il faut toujours, lorsqu'elle n'est plus allumée, en tenir la mèche couverte pour empêcher que l'esprit-de-vin ne se vaporise : sans cela elle ne prendrait feu que difficilement.

Lampe dite de Gniton. — Cette lampe, fort utile dans les laboratoires, n'est autre chose qu'une lampe d'Argand ordinaire, alimentée par de l'alcool. Elle consiste en une tige métallique à laquelle la lampe est adaptée au moyen d'une vis : cette disposition permet d'élever et d'abaisser la lampe le long de la tige. A cette même tige, et au-dessus de la lampe, est fixé, aussi avec une vis, un cercle métallique servant de support et destiné à recevoir des petites cornues, creusets, capsules, etc. Ce support peut aussi glisser le long de la tige et par conséquent être éloigné ou rapproché de la lampe à volonté. Cette petite lampe est fort commode pour des expériences délicates dans lesquelles on a besoin de calciner ou d'évaporer, etc. de petites quantités de matière.

Lampe à esprit-de-vin dont on peut se servir pour chauffer les matières jusqu'au rouge naissant, pl. 18, *fig.* 5.

eee, tige portant le réservoir R plein d'alcool.

a, tube ouvert aux deux extrémités et au moyen duquel l'écoulement reste constant. Ce tube est parfaitement adapté au bouchon b, de telle manière que l'air ne puisse pas plus passer entre le tube et le bouchon qu'entre le tube et la paroi du vase.

d, robinet qui sert à régler l'écoulement du liquide.

f, cylindre en tôle pour empêcher la flamme d'osciller et pour chauffer plus facilement les vases.

m, m, supports circulaires maintenus horizontalement par les vis *c, c*.

c, c, vis de pression au moyen desquelles on fixe à une hauteur plus ou moins grande les supports *m, m*, contre la tige *eee*. On peut au moyen des vis *i,i*, changer la partie circulaire de ces supports. Le support supérieur sert à maintenir le col des matras.

Cette lampe se trouve chez M. Wiesnegg, rue Saint-Jacques, n° 72.

Lampe d'émailleur. — Instrument dont on se sert dans les laboratoires pour ramollir le verre et lui donner différentes formes.

Pl. 6, *fig*. 3, *élévation sur l'angle de la lampe d'émailleur*.

A A, table de bois.

B,B, tiroirs de la table.

C, lampe en fer-blanc, placée sur la table et légèrement inclinée en devant.

D, cuvette où se rend l'huile qui tombe de la lampe.

Fig. 5. Lampe *C* séparée de la cuvette *D*.

B,B, pieds de la lampe.

F,F, pieds de la cuvette.

E, fig. 4, ouverture circulaire munie d'un couvercle, et servant à verser l'huile dans la lampe.

G G, ouverture triangulaire servant au passage de la mèche *H*, et se fermant par un couvercle en fer-blanc, de manière à ne laisser passer que la portion de mèche qui doit brûler.

LL, fig. 3, soufflet à deux vents, solidement assujéti sur les traverses *M,M*.

N, marche ou pédale servant à faire mouvoir le soufflet au moyen d'une corde *OO* qui passe sur la poulie *P* et vient s'attacher à la branche *R* du soufflet.

SS, conduit flexible en peau destiné à porter le vent du soufflet sur la flamme *F* de la lampe *C*. La peau est maintenue intérieurement par un fil de fer roulé en spirale.

T, petit tuyau en fer-blanc faisant suite au conduit *SS*.

Ce tuyau est solidement fixé sur la table, qui est trouée dans cet endroit.

I, autre petit tuyau coudé, terminé en pointe, et recevant à frottement le tuyau *T*.

Lorsque l'on veut courber un tube de verre à cette lampe, on la garnit d'une mèche de coton, et on la remplit d'huile de colza ou d'œillet, au moyen de l'ouverture *E*. On partage la mèche en deux faisceaux principaux, en ayant soin de laisser entre eux, et à leur partie inférieure, une petite quantité de coton. On allume cette mèche, et on fait agir le soufflet *LL*, en pressant avec le pied la marche ou pédale *N*. La flamme ayant la forme d'un jet très allongé et le degré de chaleur convenable, ce qu'on obtient en rapprochant plus ou moins les faisceaux et les éméchant, soit avec des ciseaux, soit avec une petite tige de fer, on saisit le tube par les deux extrémités, et l'on présente à l'extrémité du jet le point que l'on veut courber, en tournant continuellement le tube entre les mains. Par ce moyen, on l'échauffe peu-à-peu. Au bout de quelques secondes, on expose cette partie à l'endroit le plus chaud du jet, à-peu-près vers les deux tiers de sa longueur à partir de sa base, en ayant soin de tourner toujours le tube; bientôt elle se ramollit; alors on retire le tube de la flamme, et on lui donne une certaine courbure en appuyant légèrement sur ses extrémités; on l'expose de nouveau à la flamme, et on achève de lui donner la courbure que l'on desire. Ces notions ne peuvent servir qu'à donner une idée de la manière dont on fait usage de la lampe. On ne peut parvenir à travailler et souffler le verre facilement qu'en prenant quelques leçons pratiques et s'exerçant ensuite beaucoup à ce genre de travail.

Lampe à alcool, propre à souffler le verre, pl. 6, *fig*. 2. — La lampe d'émailleur ne remplit bien son objet qu'autant que la mèche est bien arrangée; mais il est difficile de donner à celle-ci la disposition la plus convenable : la lampe à alcool, au contraire, donne toujours un beau jet; d'ailleurs elle s'allume aisément, ne répand point de mauvaise odeur et n'exige aucun soin de propreté. Elle est donc préférable à l'autre, abstraction faite du prix de l'alcool comparé à celui de l'huile.

b, cylindre en laiton, plein d'alcool, et dans lequel plonge une grosse mèche de coton.

F, flacon qui contient l'alcool destiné à alimenter la mèche.

r, robinet adapté au tube par lequel l'alcool va du flacon *F* au cylindre *b*; on l'ouvre plus ou moins pour avoir un écoulement plus ou moins grand.

t, tube dont le bout inférieur plonge dans le flacon *F* un peu au-dessous du niveau du bord du cylindre *b*, et destiné à rendre l'écoulement constant.

v, vis servant à élever un peu ou à abaisser la lampe.

c, couvercle que l'on place sur la lampe lorsqu'on ne s'en sert pas, pour prévenir la vaporisation de l'alcool dont est imbibée la mèche.

A défaut de lampe, on peut encore courber des tubes en les exposant à la flamme qui sort par la cheminée d'un fourneau à réverbère plein de charbon allumé. Quand on n'a point l'habitude de se servir de la lampe, il vaut même mieux les courber ainsi, parce qu'on court moins le risque de les déformer ou de les aplatir.

Lime. — Instrument d'acier trempé, sur la surface duquel on a tracé en différens sens des raies qui s'entre-croisent et forment des proéminences auxquelles on a donné le nom de *dents*. On s'en sert dans les laboratoires pour user et diviser la plupart des métaux, et surtout pour polir et trouer les bouchons du liège et couper le verre.

Les limes varient par leur forme, leur grosseur et leur finesse, en raison des usages auxquels on les destine. Il y en a de rectangulaires, de demi-rondes, de triangulaires et de coniques.

Pl. 6, *fig*. 12. Lime rectangulaire, employée pour user les métaux et donner le dernier poli à la surface extérieure des bouchons de liège.

Fig. 13. Lime triangulaire appelée *trois-quarts*, servant ordinairement à couper les tubes de verre et les fils métalliques. Pour couper ainsi un tube de verre, il suffit d'entamer la surface du tube avec l'une des arêtes de la lime, de saisir le tube avec les deux mains, et de faire avec l'une et l'autre un effort tendant à rompre le tube en cette partie.

Fig. 15. Lime ayant la forme d'un cône très allongé, appelée *queue-de-rat*. Cette lime s'emploie principalement pour trouer les bouchons de liège.

D'abord on perce le bouchon avec une tige de fer presque rouge que l'on enfonce dans le bouchon suivant son axe. Après l'avoir ainsi percé, on agrandit le trou avec la queue-de-rat : on pourrait à la rigueur faire immédiatement le trou avec cette queue-de-rat; mais on courrait risque de déchirer le bouchon, ce qui n'arrive jamais en employant d'abord la tige de fer. Il faut avoir grand soin que la surface du trou soit bien cylindrique pour pouvoir s'appliquer exactement sur tous les points de la portion du tube qui doit le traverser à frottement. On facilite beaucoup l'introduction du tube dans le bouchon en le recouvrant d'un peu d'empois : cet empois, étant une sorte de lut, sert en même temps à unir plus intimement le tube au bouchon.

Fig. 14. Lime demi-ronde : elle est plane d'un côté et convexe de l'autre; on se sert de sa surface plane comme d'une lime rectangulaire, et de sa surface ronde comme d'une queue-de-rat; mais on n'en fait usage sous ce dernier rapport que pour agrandir les trous faits par la queue-de-rat dans des bouchons à travers lesquels doivent passer des cols de cornue, etc.

On doit avoir un assortiment de toutes ces limes, et surtout de queues-de-rat.

Lingotière. — Ustensile dont on se sert pour couler en lingots les substances métalliques fondues. La forme la plus ordinaire de la lingotière est celle que l'on voit *pl.* 6, *fig.* 9.

Fig. 9. Élévation et plan de la lingotière.

C, manche de la lingotière.

F, F, pieds de la lingotière.

G G, cavité de la lingotière.

Fig. 10. Coupe de la lingotière suivant ligne *a b*.

Fig. 11. Profil et élévation de la pièce que l'on place dans la lingotière pour en diminuer a volonté la cavité et obtenir un lingot plus ou moins long.

Il y a des lingotières en fer, en fonte et en cuivre : leur grandeur varie suivant les dimensions des lingots que l'on veut obtenir. Lorsqu'on veut se servir de la lingotière, on la fait d'abord chauffer, et quelquefois on enduit son intérieur de graisse ou de suif, afin d'empêcher le lingot d'y adhérer. Il faut surtout éviter l'humidité, qui, en se réduisant en vapeur, ferait jaillir le métal à une grande distance.

Quelquefois les lingotières sont formées de deux pièces dans chacune desquelles on a pratiqué une ou plusieurs cavités demi-cylindriques; on unit ces deux pièces de telle manière que les demi-cylindres de l'une correspondent aux demi-cylindres de l'autre. On verse les matières dans ces sortes de lingotières par la partie supérieure, qui, pour cela, présente un évasement. C'est ainsi que dans les pharmacies, on coule, sous la forme de cylindres, la pierre infernale ou l'azotate d'argent fondu : ces dernières lingotières devraient plutôt être connues sous le nom de *moules*.

Lut. — Substance que l'on applique en couches plus ou moins épaisses sur la surface de certains corps, soit pour les préserver de l'action du feu, et quelquefois de l'air, soit pour en boucher les interstices et les rendre imperméables.

Les principaux luts sont ceux qui résultent, 1° de farine de graine de lin et de colle d'amidon; 2° d'argile et d'huile siccative; 3° de blanc d'œuf et de chaux; 4° d'argile et de sable.

Lut formé de farine de graine de lin et de colle d'amidon. — Rien de plus simple que la préparation de ce lut : elle consiste à broyer dans un mortier de la farine de graine de lin avec la quantité de colle d'amidon suffisante pour faire une pâte bien homogène. C'est de ce lut qu'on se sert le plus souvent pour recouvrir les bouchons de liége qu'on adapte aux ouvertures des vases. On en applique une couche de quelques millimètres d'épaisseur, et on recouvre ensuite cette couche elle-même de quelques bandes de papier joseph enduit de colle.

Lut d'argile et d'huile siccative, ou *lut gras.* — Pour préparer ce lut, on fait sécher de l'argile, on la broie, on la tamise, ensuite on la met dans un mortier de fonte, et on l'incorpore peu-à-peu à de l'huile siccative (1) en la battant avec un pilon. La quantité d'huile doit être telle que le mélange ait la consistance d'une pâte ferme, et l'on doit le battre jusqu'à ce qu'il soit bien homogène et bien ductile. On renferme ce lut dans un vase ou dans de la vessie légèrement humectée d'huile, pour empêcher qu'il ne se dessèche. Les usages du lut gras sont les mêmes que ceux du lut de graine de lin et de colle d'amidon; on l'applique de la même manière, et on le recouvre de bandes de toile imbibées de blanc d'œuf et de chaux. Il résiste en général mieux que le précédent à l'action des gaz corrosifs, mais il a l'inconvénient de se ramollir par l'action de la chaleur. Le temps qu'exige sa préparation fait qu'on lui préfère presque toujours le lut de farine de graine de lin et de colle d'amidon.

Lut de blancs d'œufs et de chaux. — Ce lut s'obtient en mêlant ensemble, dans une capsule ou un mortier peu profond, des blancs d'œuf et de la chaux vive en poudre fine. On en imbibe des bandes de linge dont on recouvre l'un ou l'autre des luts précédens. Rarement on applique ce lut immédiatement sur les bouchons. On peut cependant s'en servir avec avantage pour enduire les bouchons avant de les introduire dans le col de la cornue. On doit l'appliquer à l'instant où l'on vient de le préparer, parce qu'il se durcit très promptement.

Lut d'argile et de sable. — Pour faire ce lut, on détrempe de l'argile avec de l'eau, on y incorpore le plus possible de sable passé au tamis de crin, et l'on malaxe avec les mains l'espèce de *magma* qui en résulte. On l'applique en couches plus ou moins épaisses sur les cornues ou les tubes que l'on veut préserver de l'action immédiate du feu; ensuite on expose ces vases à l'air, ou bien à une chaleur douce, pour les faire sécher : s'il se faisait des gerçures, on les remplirait avec du lut frais, et si les gerçures étaient trop petites, il faudrait les agrandir et en mouiller les parois, afin de lier parfaitement le nouveau lut avec l'ancien.

On fait encore usage d'une espèce de lut qu'on doit plutôt appeler mastic, et qui est composé de 4 parties de brique pilée, de 3 de résine et de 1 de cire jaune.

Ce lut a beaucoup d'analogie avec celui des fontainiers. On le prépare en fondant les trois substances dans une chaudière de fer ou de cuivre à une légère chaleur, et agitant le mélange

***

(.) On prépare l'huile siccative en faisant bouillir de l'huile de lin ou d'œillet avec environ le seizième de son poids de litharge en poudre. On continue l'ébullition à un feu modéré jusqu'à ce que l'écume qui se forme commence à roussir; on retire alors le mélange du feu; on laisse reposer l'huile, et on la décante.

avec une spatule; on l'applique, à l'aide d'un pinceau, sur le corps que l'on veut luter, et qui doit être parfaitement sec; il se fige très promptement : aussitôt qu'il est refroidi, on l'unit avec un fer chaud. Ce lut ou mastic est surtout employé dans la construction des piles voltaïques.

Machine pneumatique. — Instrument dont on se sert pour faire le vide dans un vase ou en retirer l'air.

PL 10, *fig.* 1, 2, 3 et 4. Plan, coupe et élévations de la machine pneumatique, modifiée par M. Babinet.

En supprimant le conduit vertical *mm'* (*fig.* 4), ainsi que le robinet *M'*, et prolongeant jusqu'en *c* le conduit *LL'L"L'''* (*fig.* 3) pour qu'il communique aux conduits *Nn*, *N'n'*, *fig.* 4, on a la machine pneumatique ordinaire que nous décrirons d'abord.

U, cloche ou récipient de verre dans lequel on se propose de faire le vide.

PP, plateau circulaire en cuivre recouvert d'un disque de glace bien uni, et servant de support à la cloche *U*.

C, corps de pompe en verre ou en cuivre.

LL'L"L''', conduit établissant une communication entre la cloche *U* et le corps de pompe *C*. L'extrémité *L'''* de ce conduit porte un pas de vis extérieur destiné à entrer dans l'écrou du robinet d'un ballon dans lequel on voudrait faire le vide; l'autre extrémité se termine à son entrée dans le corps de pompe *C* par une ouverture conique *N*.

D, piston se mouvant dans le corps de pompe *C*.

Fig. 5. Coupe perpendiculaire du piston *D* vu plus en grand.

DD, rondelles de cuir fortement serrées entre deux plans circulaires de cuivre, et formant le corps du piston.

B, ouverture circulaire pratiquée dans l'axe du piston.

C, clapet métallique, s'ouvrant de bas en haut, et servant à fermer l'ouverture *B*.

C', *fig.* 1, 2, 3 et 4, second corps de pompe de la machine pneumatique, et communiquant comme le premier, avec la cloche *U* au moyen du conduit *LL'L"L'''*.

Pour cela, le conduit *LL'L"L'''* se bifurque près des deux corps de pompe un peu plus loin que le point *L*, pour se rendre dans l'un et dans l'autre.

D', piston se mouvant dans le cylindre *C'*.

A'A', traverse en cuivre sur laquelle sont fixés les corps de pompe *C*, *C'*, et les montans *VV*, *VV*.

BB, *B'B'*, crémaillères portant à leurs extrémités inférieures les pistons *D*, *D'*.

AA, boîte en cuivre formée de deux pièces assemblées au moyen de vis *a,a*, et fixées sur les deux montans *VV*, *VV* au moyen de vis *K,K*. Cette boîte est percée de quatre trous, savoir:

deux à travers lesquels passent les montans, et deux à travers lesquels passent les crémaillères.

H, roue dentée qui engrène avec les crémaillères BB, $B'B'$, et dont l'axe a ses points d'appui sur les deux pièces de la boîte AA.

II, double manivelle servant à faire mouvoir la roue dentée H.

E, tige de cuivre traversant à frottement le piston D, et portant à son extrémité inférieure une soupape conique F destinée à fermer l'ouverture N par l'abaissement du piston D, et à l'ouvrir pour mettre le conduit $LL'L''L'''$ en communication avec le corps de pompe, par l'élévation de ce même piston.

G, petit disque de cuivre faisant corps avec la tige EE, et servant à régler le jeu de la soupape F.

Le piston D' est traversé par une tige E' semblable à la tige E, et remplissant les mêmes usages.

MM, fig. 6, robinet percé de deux trous : l'un, A, perpendiculaire à son axe, sert à établir la communication entre les corps de pompe C, C', fig. 1, et la cloche U; l'autre, RR', parallèle au même axe et légèrement courbe, sert à établir la communication entre l'air extérieur et la cloche U. (Voy. la position de ce robinet dans le plan.)

T, bouchon en cuivre légèrement conique, servant à boucher l'ouverture RR'.

SS, fig. 2 et 3, baromètre tronqué appelé *éprouvette*, placé verticalement sur une échelle en cuivre graduée, et recouvert d'une petite cloche en verre. Cette éprouvette communique avec le conduit $LL'L''L'''$ au moyen du robinet X, et sert à indiquer jusqu'à quel point on a fait le vide dans la cloche U.

SS, fig. 8, éprouvette vue plus en grand.

ZZZ, pieds en cuivre servant à fixer la machine sur son support.

Lorsque l'on veut faire usage de cette machine pour faire le vide dans la cloche U, on dresse cette cloche, c'est-à-dire, qu'on en use et qu'on en polit les bords avec le plus grand soin, afin qu'ils puissent s'appliquer le plus exactement possible sur la platine ou sur le plateau PP, ensuite on enduit ces bords d'un corps gras, tel que du suif, pour en boucher les interstices, ainsi que ceux du plateau. On pose alors cette cloche U, fig. 1, sur le plateau, en la pressant avec les deux mains pour rendre le contact le plus parfait possible; on établit la communication entre les corps de pompe et le récipient au moyen du robinet M; on établit également, au moyen du robinet X, la communication entre l'éprouvette SS et la cloche U; on fait agir la double manivelle, et au même instant voici ce qu'on observe : lorsque l'un des pistons, par exemple, le piston D s'élève, la soupape F s'ouvre, et le clapet C de la fig. 5 se ferme; lorsque le même piston s'abaisse, cette soupape F se ferme, et le clapet s'ouvre : ce qui se passe dans le corps de pompe C se passe également dans le corps de pompe C'. Il est facile de se rendre compte de tous ces effets. Quand le piston D s'élève, il opère un vide dans le corps de pompe C, et lève la soupape F, comme nous l'avons dit ci-dessus: il y a alors communication entre le récipient et le corps de pompe; une portion de l'air du récipient entre donc dans ce corps de pompe. Lorsque le piston D s'abaisse, il ferme la soupape F; par conséquent une portion d'air se trouve comprimée entre le fond du corps de pompe et le corps du piston D; cet air ne pouvant s'échapper par la soupape F qui se trouve fermée, ne peut sortir que par le clapet C, fig. 5 ; il le soulève, et passe, par l'ouverture B du piston D, dans la partie supérieure du corps de pompe. Arrivé au point le plus bas de sa course, le piston se relève et pousse au dehors tout l'air situé au-dessus de lui. En effet, cet air ne peut plus repasser par l'ouverture B du piston, puisqu'elle est alors fermée par le clapet : il est donc obligé de s'échapper par les différentes ouvertures qui servent de passage à la tige E, fig. 4, et à la crémaillère BB; mais en même temps que le piston D se relève et chasse cet air, il se fait de nouveau un vide dans la partie inférieure du corps de pompe; la soupape F s'ouvre, et permet à une nouvelle quantité de l'air du récipient de remplir le vide produit par le piston D. En faisant mouvoir ainsi les pistons, il arrive une époque à laquelle le mercure descend dans la branche fermée, et monte dans la branche ouverte de l'éprouvette, signe qui indique que l'air de la cloche est très rare; il parvient ainsi peu-à-peu dans cette dernière branche à la même hauteur que dans la première, à un millimètre près : alors le vide est aussi parfait qu'on peut le faire par la meilleure des machines ainsi construites. Cette pression d'un millimètre, qu'il est impossible d'empêcher, est produite par une petite quantité d'air qui reste dans la cloche, ou plutôt par un peu de vapeur d'eau. On s'y prendrait de la même manière pour faire le vide dans un ballon à robinet, si ce n'est qu'il faudrait le visser sur le pas de vis L''' qui termine le conduit $LL'L''L'''$. Dans tous les cas, il est essentiel d'employer des vases bien secs.

L'addition du robinet M' à la machine pneumatique a pour objet de permettre d'y faire un vide plus parfait. Ce robinet est représenté isolément dans deux positions indiquées par les chiffres 1 et 2, fig. 7. On y voit six ouvertures c, c', r, r', d, v, qui sont les extrémités de quatre conduits rectilignes. Le conduit cc' traverse le robinet en passant par l'axe qu'il rencontre perpendiculairement. Il en est de même du conduit rr' : celui-ci communique par son milieu avec deux autres, dont l'un, dirigé suivant l'axe, a son extrémité en d, et dont l'autre est perpendiculaire aux deux précédens.

La fig. 16 représente la coupe horizontale de ce robinet monté et placé dans la position n° 1. Dans la fig. 15, au contraire, le robinet est placé dans la position n° 2. Ld est la partie extrême du conduit $LL'L''L'''$. fig. 3. Les petits cercles n, n', m représentent les bases des conduits verticaux nN, $n'N'$, mm'. Le dernier est toujours ouvert; les deux premiers reçoivent, comme l'on sait, les soupapes F, F'.

Pour se servir de la machine ainsi modifiée, on place d'abord le robinet dans la position n° 1 (Voy. fig. 16). Il est évident qu'alors la machine fonctionne comme à l'ordinaire, puisque les deux corps de pompe communiquent avec le récipient par le tuyau dL, au moyen des conduits $Nnr'vd$, $N'n'r'vd$, dont la partie verticale se voit fig. 4, et la partie horizontale fig. 16. Quant au conduit de communication entre les deux corps de pompe, il se trouve bouché au point b.

Au contraire, en tournant le robinet dans la position n° 2 (et c'est ce que l'on effectue pour achever de faire le vide), le conduit, qui va du récipient au corps de pompe C, se trouve intercepté en a (Voy. fig. 15), tandis que l'autre corps de pompe C' continue de communiquer avec le récipient tant que la soupape n'est point abaissée. En même temps, la communication des deux corps de pompe est établie par le conduit $Nnc'cmm'$ (fig. 4 et 15).

D'après cette disposition, l'on voit que le piston D' fera seul le vide sous le récipient, et que, quand il s'abaissera, le piston D' enlèvera, en s'élevant, l'air du corps de pompe C'. De cette manière, l'air ou la vapeur aqueuse qui ne pouvait soulever le clapet du piston D' pour sortir du corps de pompe C', passera dans le corps de pompe C par l'ouverture m', et la soupape F' empêchant son retour, le piston D' pourra faire sous le récipient un vide plus parfait. C'est en cela que consiste l'avantage du perfectionnement apporté par M. Babinet à la machine pneumatique.

Manomètre. — Nom donné à un baromètre que l'on emploie pour mesurer le ressort d'un gaz contenu dans un vase fermé. Le vase doit d'ailleurs être muni d'un couvercle en cuivre très large, qui permette d'y introduire divers corps, et d'un robinet à l'aide duquel on puisse retirer et examiner à volonté une portion du gaz en contact avec ces corps.

Pl. 10, fig. 9. Projection verticale d'un manomètre.

A, bocal de verre à large ouverture.

B, garniture en cuivre, dont l'intérieur forme écrou pour

recevoir la plaque de cuivre *DD* qui sert à fermer le bocal *A*.

L'extrémité du pas de vis intérieur de la garniture *B* est munie d'une rondelle en cuir qui, se trouvant comprimée lorsqu'on vient à visser la plaque *DD*, contribue à fermer exactement le manomètre.

Fig. 10, *DD*, couvercle vu de face.

P, *fig.* 11, clef dont les échancrures *O,O* se fixent sur les boutons *F,F* de la garniture *B*. La même figure présente la clef *P* vue de profil.

N, *fig.* 12, autre clef dont la tête carrée *L* embrasse le bouton de même forme *E* du couvercle *DD*, *fig.* 9 et 10.

La clef *P*, *fig.* 11, sert à maintenir le vase *A* tandis que l'on fait tourner et que l'on serre le couvercle *DD* avec la clef *N*.

Fig. 13. *G*, crochet fixé au couvercle *DD*. On attache ordinairement au couvercle trois crochets auxquels on peut suspendre un thermomètre, un hygromètre, etc.

II, *fig.* 9, baromètre à siphon fixé dans la douille *H* à l'aide d'un mastic dur.

K, échelle mobile en laiton, embrassant le tube du baromètre *II* par deux anneaux *M,M* non fermés et faisant ressort.

QQ, rondelle de bois traversée par trois vis *R,R,R* servant à mettre le baromètre dans une situation verticale.

S, fil à plomb au moyen duquel on juge si le baromètre est vertical, en le mirant successivement dans deux positions faisant entre elles un angle droit.

U, robinet destiné à donner issue à l'air du bocal *A* quand on veut l'examiner. Ce robinet a deux pas de vis en *v* au-dessus de son collet, l'un interne et l'autre externe ; sa clef doit avoir un trou de douze millimètres de diamètre au moins, pour que l'écoulement de l'eau du tube *BB*, *fig.* 13, puisse se faire aisément.

A', *fig.* 13, soucoupe en cuivre que l'on remplit d'eau distillée : cette soucoupe se monte sur le pas de vis extérieur du robinet *U*.

BB, tube de verre gradué que l'on remplit d'eau distillée, et que l'on ajuste, au moyen de la virole *C* en cuivre, sur le pas de vis intérieur du collet *v* du robinet *U*.

Fig. 14, *C*, bouchon en cuivre muni d'une rondelle de cuir, et s'ajustant sur le pas de vis intérieur *v* du robinet *U*.

On voit dans cette *fig.* 14, en élévation et en plan, le robinet *U*, séparé de la plaque *D* et du bouchon *C*.

On voit au contraire, *fig.* 9, le bouchon *C* mis en place.

On visse facilement le bouchon *C* au moyen de la tige carrée qui se trouve à la partie inférieure de la clef *N*, *fig.* 12 ; cette tige s'insère dans une cavité du bouchon ayant la même forme.

L'usage du bouchon *C* est d'intercepter la communication de

l'air extérieur avec le manomètre pendant que le robinet *U* es ouvert.

On tient le robinet *U* ouvert pendant la durée des expériences, afin que l'air contenu dans le trou de ce robinet soit dans les mêmes circonstances que celui qui se trouve dans l'intérieur du bocal *A*.

Marmite de Papin. — Instrument dont on se sert pour exposer à une très haute température des liquides ou autres substances, sans qu'ils puissent se vaporiser.

Pl. 4, *fig.* 1, *A*, vase cylindrique creux de cuivre très épais, portant à sa partie supérieure un rebord *TT*.

BB, *fig.* 4, couvercle de ce vase, muni d'un crochet auquel on peut suspendre différens corps.

G, ouverture du couvercle.

Fig. 3, *EE*, bride en fer dont les extrémités recourbées *M,M* s'engagent sous le rebord du vase *A*.

DD, vis servant à comprimer le couvercle *BB* au moyen de la bride *EE*.

FF', *fig.* 2, levier destiné à fermer l'ouverture *G* du couvercle au moyen d'un poids *P* qu'on suspend à son extrémité *F'*. Ce levier est muni en *G'* d'un bouton aplati en fer qui s'applique immédiatement sur l'ouverture *G*.

Fig. 6, *I,I*, anneaux servant de point d'appui aux deux branches de l'extrémité du levier *FF'*.

L, cavité creusée dans l'épaisseur du couvercle *BB*, et destinée à recevoir la boule d'un thermomètre.

Veut-on se servir de cette machine pour soumettre l'eau à un haut degré de chaleur, on la remplit de ce liquide ; on place ensuite une rondelle de carton entre le couvercle et le bord supérieur de la marmite, afin de multiplier le plus possible les points de contact ; on comprime fortement le couvercle *B* au moyen de la vis *DD*, et on ferme l'ouverture *G* à l'aide du levier *FF'*, que l'on placé comme on le voit, *fig.* 6. La marmite étant ainsi disposée, on la met dans un fourneau où l'on fait du feu ; l'eau s'échauffe peu-à-peu, et reste liquide jusqu'à ce que sa force expansive soit assez considérable pour soulever le levier *FF'* ; en sorte que, plus le poids situé à l'extrémité de ce levier sera fort, et plus l'eau pourra s'échauffer sans se vaporiser. Si, lorsqu'elle est parvenue à 3oo ou 4oo°, on retire le levier, elle s'échappe avec impétuosité en produisant un grand sifflement, et forme, en s'élançant dans l'air, un cône renversé de vapeurs.

Matras. — Vase de verre à long col, dont le corps est le plus souvent rond, *pl.* 4, *fig.* 9, quelquefois ovoïde, *fig.* 12. Les matras portent assez souvent une ou plusieurs tubulures, comme

on le voit *fig.* 10. Leur grandeur varie depuis un demi-décilitre jusqu'à 15 et 16 litres.

On emploie les matras non tubulés pour faire les digestions ou macérations, pour préparer certains gaz, tels que le chlore, etc. : ceux qui sont tubulés servent de récipient dans plusieurs circonstances, et surtout dans les distillations où l'on a à recueillir des produits gazeux et des produits liquides ou solides. On se sert particulièrement de ceux qui sont ovoïdes pour les essais d'or. Les anciens se servaient d'une espèce de matras à fond plat et à col très long, *fig.* 11, qu'on appelait *enfer de Boyle* ; aujourd'hui il n'est plus d'usage.

Mortier. — Vaisseau qui sert à contenir les substances que l'on veut concasser ou pulvériser au moyen du pilon. Les mortiers sont en fer, en fonte, en laiton, en marbre, en porcelaine, en verre et en agate ou silex. Leur forme et leur grandeur varient. On doit avoir, dans un laboratoire, un assortiment de mortiers. Les pilons sont de même nature que les mortiers, excepté ceux des mortiers de marbre qui sont en bois.

Pl. 4, *fig.* 14. Mortier de fonte ou de laiton.

GG, cavité du mortier.

C,C, anses du mortier.

Fig. 15, *EE*, mortier de marbre.

GG, cavité du mortier.

B,H,H,H', anses du mortier. L'anse *H'* est munie d'une rigole *I* servant à verser le liquide contenu dans le mortier.

Fig. 16, mortier de porcelaine.

Fig. 17, *MM*, mortier d'agate ; *N*, pilon de ce mortier.

Les mortiers de porcelaine, de verre et d'agate ne pouvant soutenir, à cause de leur fragilité, les chocs réitérés du pilon, on doit, toutes les fois qu'on s'en sert, faire agir circulairement le pilon, c'est-à-dire, triturer. Il est essentiel aussi que le mortier dont on se sert soit bien solide et ne puisse point réagir sur le corps à pulvériser. Quelquefois on le recouvre d'une peau pour retenir le corps qu'on pulvérise : alors le pilon passe à travers cette peau.

Multiplicateur électro-magnétique ; *pl.* 16, *fig.* 3, élévation vue de côté ; *fig.* 3 *bis*, élévation vue de face, *fig.* 4. plan.

aaa, pied de l'instrument en bois.

cccc, châssis de bois à gorge où se logent les tours successifs du fil multiplicateur.

bb, montant en laiton arqué à ses extrémités et destiné à porter un fil de soie.

d, fil de soie auquel se trouve suspendue la petite tige de cuivre *t* portant les deux aiguilles aimantées *ee, ee* ; ces deux aiguilles sont horizontales, disposées de manière que leurs pôles soient opposés, afin de détruire les effets de la terre, et placées, comme on le voit, l'une un peu au-dessus du cercle *gg*, l'autre entre les deux gorges du châssis. La tige *t* passe dans un tube de verre creux qui traverse la gorge supérieure du châssis.

ff,ff, extrémités du fil du multiplicateur. Ce fil est de cuivre argenté; son épaisseur est d'un quart de millimètre; il est enveloppé dans toute sa longueur de fil de soie : par là, on empêche toute communication électrique entre les différentes parties de ce fil qui sont superposées dans la gorge du châssis *cccc*.

Obturateur. — Plan circulaire de verre que l'on place sous les éprouvettes ou les cloches remplies de gaz ou de liquides, pour les transporter d'un lieu dans un autre. Il y en a de plusieurs grandeurs.

Papier non collé. — On fait usage de cette espèce de papier dans les laboratoires pour filtrer ou clarifier les liquides troubles. (Voyez *filtre*). On doit toujours en avoir plusieurs mains à sa disposition. Il est blanc ou gris : le premier est bien plus souvent employé que le second, et est connu sous le nom de *papier joseph*.

Pelle à braise. — Pelle en tôle, munie d'un manche en bois : on s'en sert pour mettre du charbon dans les fourneaux.

La *pl.* 7, *fig.* 2, représente cette pelle de face et de côté.

Pèse-liqueur. — Instrument de verre dont on se sert pour déterminer d'une manière approximative la pesanteur spécifique des liquides. (Voyez, pour sa construction, les ouvrages de physique.)

Pile voltaïque ou électrique. — Instrument propre à produire un grand nombre de décompositions, et pour la théorie de laquelle nous renvoyons aux traités de physique.

L'on a construit un assez grand nombre de piles de formes différentes; mais elles ne présentent point toutes, à beaucoup près, les mêmes avantages. La plus simple dans sa construction est la *pile à colonne*, *pl.* 15, *fig.* 13. Elle se compose de disques de cuivre et de zinc $C, Z, C', Z', C'', Z'', C''', Z'''$, etc., superposés dans le même ordre, et de disques de carton ou de drap H, H', H'', H''', etc., que l'on humecte d'eau pure ou salée, ou acidulée, et que l'on place entre chaque *élément* de la pile, c'est-à-dire entre chaque paire de disques de cuivre et de zinc.

La pile qui mérite la préférence est celle que M. Children a construite le premier d'après le conseil de Wollaston, et avec laquelle il a obtenu, en employant de larges plaques, des effets considérables.

Chaque élément est formé d'une plaque de zinc et d'une plaque de cuivre, comme à l'ordinaire; mais les plaques, au lieu d'être placées l'une sur l'autre ou superposées, ne se touchent que par leurs extrémités. La plaque de cuivre a la même largeur que la plaque de zinc, et est, à-peu-près, deux fois aussi longue; elle est percée, suivant sa courbure, de petits trous, pour laisser écouler le liquide excitateur, lorsqu'on l'en retire. Les plaques des deux métaux sont rectangulaires, surmontées d'une petite lame pour les réunir, et disposées, comme on le voit, *pl.* 15, *fig.* 5, qui représente la coupe verticale de deux élémens, et dans laquelle *aa* désigne les plaques de zinc, et *ff, f'f, f''* les plaques de cuivre. D'ailleurs, la position réciproque des élémens est telle que la plaque de zinc de l'un se trouve située au milieu de la plaque recourbée de cuivre de l'élément voisin sans la toucher.

c,c,c,c, sont de petites pièces en bois, demi-cylindriques, présentant dans leurs surfaces planes horizontales, une rainure longitudinale, destinée à recevoir et à fixer les extrémités des lames de zinc. Ces pièces sont placées dans la courbure des plaques de cuivre, et sont aussi longues que ces plaques sont larges.

Les *fig.* 3 et 4 font voir une plaque de zinc dans deux sens, de côté et de face; la lettre *c* a dans la *fig.* 4 la même signification que dans la *fig.* 5. *ee*, sont les petits trous où se placent les pointes rivées qui réunissent la plaque de cuivre à la plaque de zinc.

Les *fig.* 1 et 2 offrent une pile entière, composée de 24 bocaux disposés sur quatre rangs : l'on voit dans la *fig.* 2 une coupe verticale des quatre rangs de bocaux; la *fig.* 1 présente la vue d'une seule rangée. Voici les diverses parties principales qui composent cette pile.

b,b,b,b,b,b, élémens.

a,a,a,a,a,a, vases de verre en nombre égal à celui des élémens, et contenant le liquide excitateur.

c,c,c,c, *fig.* 2, pièces de bois un peu plus longues que la pile auxquelles sont fixées, à l'aide de boulons, les quatre séries d'élémens. Elles servent à descendre ou à monter à volonté les élémens qui y sont fixés pour les faire plonger dans le liquide excitateur ou les en retirer. Dans la *fig.* 1, *cc* représente l'une de ces pièces, vue dans le sens de sa longueur.

g,g, *fig.* 1, chaînes ou cordes, au moyen desquelles les pièces de bois *c,c,c,c* sont abaissées ou soulevées.

h, h, poulies de renvoi.

f roue dentée, dont l'axe est en même temps celui d'une poulie sur laquelle s'enroulent les chaînes *g,g*.

e, manivelle fixée à l'arbre d'un pignon qui engrène avec la roue dentée.

d,d,d, montans et traverse en bois, pour soutenir les pièces qui viennent d'être décrites.

Veut-on se servir de cette pile : les pièces de bois *c,c,c,c*, étant soulevées, l'on commence par mettre le liquide excitateur dans les vases de verre; ensuite l'on met les fils conducteurs en contact avec le corps qu'il s'agit de soumettre à l'expérience, puis l'on abaisse les pièces de bois de manière à faire pénétrer les plaques dans le liquide excitateur; en tournant la manivelle *e*, à l'aide de laquelle et des engrenages qu'elle met en mouvement, l'on peut enrouler les chaînes *g,g*, sur la poulie placée derrière la roue *f*, ou bien, au contraire, les développer.

Construction d'une pile à grande surface, dite pile en hélice. — Sur un cylindre en bois de chêne de deux à trois pouces de diamètre et d'une longueur égale à la hauteur que l'on veut donner à l'élément, on fixe deux feuilles minces de métal, l'une de zinc et l'autre de cuivre; ensuite on les sépare par deux claies en osier ou par des lisières de drap, ou par tout autre corps non métallique qui laisse passer assez librement le conducteur humide; enfin on les enroule sur le cylindre, et on les arrête de quelque manière, pour que l'hélice ne puisse se défaire ni se déformer. Au bord supérieur de la plaque de zinc, on soude un gros fil de cuivre, et en plongeant l'appareil dans un vase en partie rempli de la dissolution conductrice, on a une pile d'un seul élément, dont la surface peut être de trente à quarante pieds carrés ou même davantage. On conçoit facilement qu'on peut réunir 10, 20 ou 100 élémens de cette espèce et se procurer ainsi une pile d'une force extraordinaire.

Construction d'une pile à plaques de petites dimensions superposées et soudées, dite pile à auges. — On prend de petites caisses de bois de chêne, un peu plus profondes et plus larges que les plaques dont on se sert, et l'on en recouvre le fond d'une couche, d'environ 4 à 5 millimètres d'épaisseur, d'un mastic composé de 4 parties de brique pilée, 3 de résine et 1 de cire jaune. On applique, au moyen d'un peu de mastic, une première plaque contre la paroi intérieure de l'extrémité CC' de la caisse (*pl.* 15, *fig.* 6); puis on plonge dans un bain de mastic le tube de verre recourbé, *fig.* 9, et on le pose le long des bords inférieurs et latéraux de la plaque contenue dans la caisse (Voy. le tube sur la plaque, *fig.* 10). On prend ensuite une seconde plaque, on enduit ses bords latéraux et inférieurs de mastic, et on l'applique contre le tube, parfaitement en regard de la première, de manière que la surface cuivre de l'une corresponde à la surface zinc de l'autre; on pose sur cette nouvelle plaque un second tube, et ainsi de suite, ayant soin de disposer tous les tubes et toutes les plaques sur des plans parallèles et à égale distance des bords de la caisse.

Au moyen de cette disposition, il reste entre les parois de la caisse et les parties latérales de chaque élément deux espaces vides dans lesquels on coule du mastic pour consolider tout l'appareil. L'épaisseur des plaques de zinc doit être trois à quatre fois aussi grande que celle des plaques de cuivre; elles doivent avoir toutes environ 12 centimètres de haut sur 6 centimètres de large. Chaque caisse n'en doit contenir à-peu-près que 120 ou 125, afin qu'on puisse la transporter aisément, et, qu'en général, la manœuvre en soit facile. (Voy. *pl.* 15, *fig.* 6 et 7.)

$CC'C''C'''$, caisse en bois.

dd', plaque de zinc.

ee', plaque de cuivre soudée à la plaque dd' de zinc.

II' II', II', tubes de verre imprégnés de mastic, pour séparer les divers élémens et former les auges oo', oo', oo'.

$TT'T''T'''$, mastic coulé entre les parois de la caisse et les plaques.

La *fig.* 11 représente l'une des plaques auxquelles sont attachés les fils conducteurs, et qui se placent dans les auges extrêmes. Ces plaques sont ordinairement en laiton.

Plusieurs piles ainsi construites peuvent être mises aisément en communication les unes avec les autres par les pôles de même nom, afin d'accroître l'intensité de leurs effets, ainsi qu'on le voit, *pl.* 15, *fig.* 8 : l'ensemble prend le nom de *batterie*. La réunion de deux de ces piles est établie au moyen d'un fil de laiton M, *fig.* 12, terminé par deux plaques, ordinairement de même nature, dont l'une P est vue de face, et dont l'autre doit être placée en P'. On fait plonger ces plaques dans les auges extrêmes des deux piles qu'il s'agit de réunir : l'une se met dans une auge positive, l'autre dans une auge négative.

Pince, pincette. — La pincette la plus employée dans les laboratoires est celle qui est représentée *pl.* 7, *fig.* 3 : on la connaît sous le nom de *fer à moustache.*

Pince à creuset. — Cette pince ne diffère des pinces ordinaires qu'en ce que ses dimensions sont plus considérables, et que ses deux branches AD, AD, *pl.* 7, *fig.* 4, sont recourbées à angle droit en A, et se terminent chacune par un arc de cercle B,B destiné à embrasser le creuset lorsqu'on rapproche l'une de l'autre les deux branches AD,AD : on s'en sert pour retirer des fourneaux les creusets incandescens.

Pinces à cuillers, *pl.* 7, *fig.* 5. — Pinces dont les deux extrémités inférieures sont écartées par un ressort D, et dont les deux extrémités supérieures A sont terminées par deux cavités en forme de cuillers qui s'appliquent exactement l'une sur l'autre. On s'en sert pour porter des substances réduites en poudre dans la partie courbe de petites cloches pleines de gaz et de mercure.

Pipette. — Boule ou cylindre de verre, *pl.* 5, *fig.* 8, 9, 10 et 11, auquel sont soudées, d'une part, un tube droit ou recourbé par lequel on aspire, et, d'une autre part, un second tube effilé à son extrémité. On emploie la pipette pour décanter de petites quantités de liquide. A cet effet, on plonge son extrémité inférieure dans la liqueur que l'on veut décanter; on opère un mouvement de succion par la partie supérieure, et on continue à sucer jusqu'à ce que le réservoir soit rempli de liquide; alors on ferme promptement, avec le doigt ou la langue, l'extrémité par laquelle on a aspiré; on retire la pipette de la liqueur; on porte l'extrémité inférieure au-dessus du vase ou du filtre qui doit recevoir le liquide; on débouche l'extrémité supérieure, et la liqueur s'écoule. On donne quelquefois encore aux pipettes la forme représentée *fig.* 12, 13, 14 15 et 16.

Porphyre. — Instrument au moyen duquel on réduit diverses substances solides en poudre presque impalpable. Un porphyre se compose d'une table de granit, de porphyre ou de toute autre pierre très dure, et d'une molette DD, *pl.* 4, *fig.* 18, de la même nature que la table. Plus la table et la molette sont dures et polies, et meilleur est le porphyre. Cependant il existe des porphyres en verre; mais on ne doit s'en servir que pour réduire en poudre les substances qui ont peu de cohérence.

Lorsqu'on veut porphyriser une substance quelconque, on la place sur la table du porphyre, et on la triture avec la molette. Comme, par le mouvement circulaire qu'on imprime à celle-ci dans la trituration, on finit par étendre la substance sur presque toute la surface de la table, et la faire adhérer tant à cette surface qu'à celle de la molette, il faut la détacher de temps en temps et la rassembler au centre de la table avec un couteau long et flexible de fer, de corne ou d'ivoire.

Râpe. — Espèce de grosse lime dont les dents sont très proéminentes. On s'en sert pour râper les bouchons lorsqu'il faut en diminuer beaucoup le volume.

Siphon simple et siphon à double crochet. — Tous deux sont représentés par la *fig.* 20, *pl.* 5, savoir ; le premier par ABC, et le second par $EBACD$, de sorte que le siphon à double crochet ne diffère de l'autre dans cette figure qu'en ce que celui-ci ne comprend point la partie ponctuée.

Il y a deux manières de se servir du siphon simple: la première consiste à plonger la branche la plus courte AB dans le liquide, et à aspirer l'air du tube avec la bouche par l'extrémité C de la branche CA. Lorsque le liquide est arrivé au point C, on ôte le tube de la bouche, et le liquide s'écoule. La seconde manière consiste à remplir le siphon d'eau, etc., à fermer l'extrémité C avec le doigt, à plonger la branche AD dans le liquide et à déboucher l'extrémité C.

Le siphon à double crochet s'amorce comme le siphon simple; mais il a l'avantage de pouvoir rester amorcé en le tenant dans une position convenable, la colonne d'eau contenue dans AE faisant équilibre à celle qui se trouve contenue dans AD.

Siphon d'aspiration, *fig.* 19. — Il n'y a qu'une manière de servir du siphon d'aspiration : on plonge la branche la plus courte AC dans le liquide à décanter; on ferme l'extrémité D de la branche la plus longue avec le doigt, et on opère un mouvement de succion à l'extrémité F du tube EF. Le liquide s'élève et ne tarde pas à remplir les branches CA et $A'D$: alors on cesse d'aspirer, on ôte le doigt, et l'écoulement du liquide a lieu.

Siphon d'insufflation, *fig.* 22. — Ce siphon n'est autre chose que le siphon simple, dont la branche la plus courte est légèrement recourbée, de manière à recevoir le bout d'une pipette. On plonge cette branche et la pipette dans le liquide à décanter, et lorsque la pipette est pleine de liquide, en insufflant de l'air dans sa partie supérieure, on force le liquide à s'élever jusqu'au haut du siphon et à descendre dans la branche la plus longue; dès-lors il marche de lui-même comme le siphon ordinaire.

Siphon libre, *fig.* 23. — Pour s'en servir, on plonge la branche la plus courte dans le liquide, et l'on en verse ensuite dans l'entonnoir jusqu'à ce qu'elle s'écoule par la branche la plus longue. Le siphon s'amorcera bien, pourvu qu'on le tienne dans une position fixe et qu'on évite ainsi les secousses qui pourraient le faire *renifler*. (*Voy.* pour les différens siphons, la notice publiée par M. Collardeau, et pour la théorie du siphon, les ouvrages de physique.)

Spatule, *pl.* 7, *fig.* 1. — Tige de bois ou de métal, aplatie, qui s'élargit à l'une de ses extrémités et se termine en s'arrondissant. On s'en sert pour remuer les liquides ou détacher des matières adhérentes aux vases. Les spatules métalliques sont en fer, en argent ou en platine.

Supports. — Objets dont on se sert pour soutenir à une hauteur convenable les pièces qui composent un appareil ou quelques-unes d'entre elles.

Les supports varient par leur forme; quelquefois ils consistent seulement en un cylindre ou une colonne de bois : d'autres fois, c'est un petit cylindre de bois portant à sa partie supérieure une sorte de mâchoire que l'on peut serrer au moyen d'une vis, et qui présente une ouverture cylindrique pour recevoir les tubes, les cols de cornue, etc., comme on le voit, *pl.* 2, *fig.* 1; *pl.* 15, *fig.* 14, et *pl.* 17, *fig.* 4. On peut voir encore d'autres sortes de supports, *pl.* 20, *fig.* 12, et *pl.* 15, *fig.* 15.

Tamis. — Toile en soie ou en crin, tendue au moyen de deux cylindres de bois s'emboîtant l'un dans l'autre, *pl. 5, fig. 1.*

GG, cylindre inférieur.

AA, cylindre supérieur s'emboîtant dans le cylindre *GG*.

EE, toile de soie ou de crin, portant à sa circonférence un petit bourrelet à l'aide duquel elle est retenue dans l'emboîture des cylindres *GG*, *AA*.

Quelquefois la substance à tamiser est dangereuse à respirer, et peut se disperser dans l'air à cause de sa grande ténuité : alors au lieu d'employer le tamis, *fig. 1*, on se sert du tamis dont on voit les parties séparées *fig. 2*, et qu'on appelle *tamis couvert* ou *tamis à tambour.*

CC, cylindre creux en bois, fermé inférieurement par une peau tendue au moyen du cylindre, *C'C'.*

AA, autre cylindre creux en bois, fermé inférieurement par une toile en soie ou en crin, tendue par le cercle *A'A'.*

BB, troisième cylindre creux en bois recouvert supérieurement par une peau tendue au moyen du cercle *B'B'.* Ces trois cylindres s'emboîtent les uns dans les autres. On met la substance à tamiser dans le cylindre *AA*, qui n'est autre chose que le tamis proprement dit : elle est reçue dans le cylindre inférieur, qui prend le nom de *fond*, et retenue par le cylindre supérieur, qu'on appelle *couvercle.*

On se sert des tamis pour obtenir en poudre d'une grosseur uniforme les substances que l'on a d'abord broyées ou pilées dans un mortier.

Il y a des tamis de différentes grandeurs et de différente finesse.

Thermomètres. — Instrumens qui, par leurs dilatations ou leurs contractions, servent à mesurer la température des corps avec lesquels on les met en contact. On en distingue trois sortes : les uns sont construits avec des corps solides, et sont destinés à mesurer les températures très élevées ; les seconds avec des liquides, et servent aux mesures des températures basses et moyennes ; les troisièmes avec de l'air, et ne s'emploient que lorsqu'il s'agit de reconnaître de légères variations de température.

Thermomètres solides ou *pyromètres.* — Le seul que nous décrivons est celui de *Wedgwood*, *pl. 12, fig. 13, 14 et 15*; il a pour base la propriété qu'a l'argile de prendre du retrait, quand on l'expose à une haute température. Ce pyromètre est composé de deux pièces. La première est un petit cylindre d'argile de 12, 7 millimètres de diamètre, de 14 à 15 millimètres de longueur, un peu aplati d'un côté et cuit à une chaleur rouge. La seconde est une jauge destinée à mesurer la diminution de volume de l'argile chauffée; elle est formée d'une plaque en cuivre ou en laiton, sur laquelle sont soudées deux règles de même métal, parfaitement égales et longues de 609,592 millimètres, formant un canal convergent, dont l'ouverture est 12,7 millimètres à une extrémité, et de 7,62 millimètres à l'autre. L'une des règles est divisée en 240 parties égales qu'on appelle *degrés* ; le zéro de l'échelle est placé à l'extrémité la plus large. On divise ordinairement l'instrument en deux, afin de le rendre plus portatif, et l'on a ainsi sur la même plaque deux canaux convergens, dont l'un est la suite de l'autre.

Fig. 13, CC'C''C''', plaque de laiton.

DD', rainure formée par les deux règles *EE', FF'.*

GG', autre rainure faisant suite à la première, et formée par les deux règles *FF'; HH'.*

I, petit cylindre d'argile entrant dans la rainure *DD'.* On le voit en coupe *fig. 14.*

L, fig. 15, petit creuset ou étui terreux, très rétractaire, pour calciner le cylindre d'argile.

Pour que cet instrument puisse être comparable, il faut que les petits cylindres soient constamment formés avec la même argile, et que cette argile soit absolument infusible.

Par exemple, s'agit-il de connaître la température à laquelle le cuivre fond? mettez un de ces petits cylindres dans le creuset avec le cuivre, et aussitôt que ce métal sera fondu, retirez le cylindre; laissez-le refroidir; regardez jusqu'à quel degré il peut avancer alors dans la jauge, et vous verrez qu'il ira jusqu'à 27°. Quand la substance est de nature à se vitrifier ou à s'attacher au cylindre, il faut préalablement le mettre dans un étui de terre à creuset.

Le 0° de ce pyromètre correspond à 580°,55 du thermomètre centigrade, et chacun de ses degrés égale 72,22 degrés du même thermomètre, d'après Wedgwood; mais il est certain que la marche de ce thermomètre n'est pas proportionnelle à celle de la chaleur, et qu'il en est de même de tous les pyromètres.

Thermomètres liquides, pl. 12, fig. 4, 5 et 6.

Le liquide dont on se sert est ordinairement le mercure, et quelquefois de l'alcool coloré en rouge.

L'enveloppe est de verre et consiste dans un tube capillaire ou d'un petit diamètre, divisé en parties d'égale capacité, et terminé inférieurement par un réservoir sphérique ou cylindrique.

La *fig. 4* représente le thermomètre sur une grille de fil de fer inclinée; on le remplit de mercure en versant le métal par l'entonnoir et le faisant bouillir ensuite pour chasser l'air.

La *fig. 5* représente le thermomètre rempli d'une quantité convenable de mercure, et non encore divisé.

La *fig. 6* représente deux thermomètres achevés, l'un à réservoir cylindrique, l'autre à réservoir sphérique. On les a chauffés au point de faire monter le mercure jusqu'à l'extrémité supérieure; puis on les a scellés à la lampe, on les a successivement plongés dans de la glace fondante, et dans la vapeur d'eau bouillante à 76 centimètres de pression pour avoir deux points fixes, savoir : le zéro et le 100° degré, et enfin on les a divisés.

Thermomètre à air, pl. 12, fig. 7, 8 et 9.

Ce thermomètre, que nous ne décrivons que dans la philosophie chimique, est de M. Gay-Lussac. Il l'a fait connaître. (*Ann. de chim. et de phys.* t. LI, p. 435.)

Thermomètre différentiel, pl. 12, fig. 10. (Voy. Philosophie chimique.)

Terrine. — Vase conique de grès ou de terre vernie, *pl. 5, fig. 3.* Il y en a de plusieurs grandeurs. Les terrines de grès sont employées pour recevoir différens liquides, et principalement ceux qu'on veut faire cristalliser. On s'en sert aussi assez souvent pour recueillir les gaz sur l'eau; au moyen d'un têt troué dans son fond et échancré sur les côtés, etc. Ces vases supportent difficilement l'action du feu.

Têt. — *Pl. 5, fig. 4.* Capsule en terre dont on se sert pour calciner des métaux, des minerais métalliques, des charbons végétaux, animaux; etc. Quelquefois on en perce le fond, et on en échancre le côté; pour recueillir les gaz dans une terrine ou capsule en partie pleine d'eau, ainsi que nous l'avons dit. (*Voyez* Cuve pneumato-chimique.)

Tourte. — *Voyez* Fromage.

Tube. — Tuyau plus ou moins cylindrique, beaucoup plus long que large. On ne se sert presque jamais dans les laboratoires que de tubes de fer, de platine, de porcelaine, et surtout de verre.

1° *Tubes de fer.* — Les tubes de fer dont on fait usage ne sont ordinairement que des portions de canons de fusil ou des canons de fusil entiers, dont on a enlevé la culasse. On les emploie principalement pour extraire le potassium et le sodium, et alors on les recouvre d'un lut infusible. (*Voyez* Lut.)

2° *Tubes de porcelaine.* — Ces sortes de tubes ont 7 à 8 décimètres de long, et 1 à 3 centimètres de diamètre intérieur. Leur épaisseur varie : les moins épais sont les meilleurs. Tous doivent être vernis intérieurement : sans cela ils ne seraient point imperméables aux gaz. Quelquefois les tubes de porcelaine sont légèrement courbés. On se sert des tubes de porcelaine pour exposer les gaz et les liquides à l'action d'une haute température, ou bien encore pour mettre ces sortes de corps en contact à cette même température avec des corps solides.

Pour cela, on dispose horizontalement ou presque horizontalement ce tube dans un fourneau, comme on le voit *pl.* 5, *fig.* 5. Lorsque ce tube est rouge, on fait arriver les gaz ou les liquides en vapeurs par une de ses extrémités, et on en reçoit le produit par l'autre. Dans les cas où l'on voudrait les faire réagir sur un corps solide, on mettrait celui-ci dans le tube même, pourvu qu'il fût fixe ou très peu volatil.

3o *Tubes de platine.* — Les tubes de platine que l'on a fait jusqu'à présent sont un peu moins longs et un peu moins larges que les tubes de porcelaine. Ils sont très peu épais. On n'en fait presque jamais usage, parce qu'ils sont très chers, et qu'on peut presque toujours les remplacer par des tubes de porcelaine,

4e *Tubes de verre.* — Leur longueur varie, ainsi que leur diamètre : les uns ont environ 1 à 3 centimètres de diamètre; les autres, 4 à 8 millimètres; d'autres enfin sont capillaires. Ceux qui ont 1 à 3 centimètres de diamètre ont les mêmes usages que les tubes de porcelaine, mais il faut qu'ils soient lutés, et que la température à laquelle on les expose ne soit pas plus élevée que le rouge-cerise. Ces tubes sont encore employés pour faire des cloches courbes, des éprouvettes, pour contenir les matières propres à dessécher les gaz, etc., etc. Les tubes qui ont de 4 à 8 millimètres servent à faire des tubes recourbés, les siphons, les pèse-liqueurs, les pipettes, les tubes de sûreté droits, les tubes de sûreté à boule, les tubes en 3 ou en *S*, etc. Quant aux tubes capillaires, on les emploie principalement pour la construction des thermomètres. On s'en sert aussi quelquefois pour agiter les liquides. Mais le plus ordinairement on se sert à cet effet de tubes de verre pleins, qu'on coupe de longueur convenable avec un trois-quarts, et dont on arrondit les extrémités. C'est au moyen de la lampe qu'on donne ces diverses formes aux tubes de verre.

On doit toujours avoir à sa disposition une certaine quantité de tubes de différens diamètres, que l'on place sur des montans de bois entaillés, comme on le voit *pl.* 5, *fig.* 18.

CC,CC,CC, tubes de verre.

AA,AA, montans de bois auxquels on a fait des entailles profondes *B,B,B,B,B,B*, pour recevoir les tubes *CC, CC, CC.* Ces montans s'attachent ordinairement au mur du laboratoire, au-dessus de la lampe d'émailleur.

Tube de sûreté à boule. — Tube de verre *ABC*, *pl.* 3, *fig.* 11, courbé à angle droit aux points *A* et *B*, et auquel on a soudé en *D* un autre tube recourbé *DEFG*. La branche *FG* de ce tube se termine supérieurement par un entonnoir, et sa branche *EF* porte une boule *I*, que l'on remplit à moitié d'eau au moyen de l'entonnoir G. Cette espèce de tube est principalement employée dans l'appareil de Woolf. (Voyez *Théorie des tubes de sûreté*, 1er volume, page 186.)

Tube en 3 ou en S. — Tube de verre, *pl.* 3, *fig.* 10, composé de trois branches parallèles *A,B,C*, dont l'une *A* s'évase supérieurement en entonnoir, et la deuxième *B* porte une boule. On voit un tube de ce genre adapté à l'appareil de Woolf, *pl.* 3 fig. 7; on s'en sert pour verser des liquides dans les vases auxquels on adapte ces sortes de tubes.

Tube gradué. — Tube en cristal *AB*, *pl.* 5, *fig.* 7, fermé à la lampe par son extrémité *A*, et divisé en 100 ou 200 parties d'égale capacité. Pour opérer cette division, on doit, autant que possible, se procurer des tubes dont le diamètre soit le même partout, parce qu'alors on n'a besoin, pour les graduer, que de les diviser en parties d'égale longueur. Lorsqu'on ne peut point s'en procurer, il faut, pour en opérer la graduation : 1° verser successivement dans le tube de petites quantités égales de mercure ; ce à quoi l'on parvient facilement en remplissant de mercure une petite mesure de verre dont les bords sont usés, et en la fermant avec un obturateur; 2° marquer, à chaque fois qu'on ajoute une nouvelle mesure de mercure, le point auquel le métal correspond; 3° diviser l'espace compris entre deux marques consécutives en un même nombre de parties d'égale longueur : cette manière d'opérer suppose que cet espace est partout d'un diamètre parfaitement égal, ce qui doit être sensiblement vrai dans le cas où l'on a choisi un tube presque cylindrique. On se

contente ordinairement d'écrire sur le tube les divisions de 10 en 10, à partir de l'extrémité supérieure, et l'on distingue ces divisions, ainsi que celles qui sont tracées de 5 en 5, en donnant plus de longueur aux traits qui les représentent. Par ce moyen, il est toujours facile de lire le nombre des parties de gaz que contient le tube.

Valet. — On appelle ainsi des nattes de paille tressées en rond, et sur lesquelles on pose les matras, les ballons, les cornues, etc. *pl.* 4, *fig.* 9, 10, 12, 13 et *pl.* 1, *fig.* 5, 10, 32, etc.

Verre à pied. — Vase de verre conique, *pl.* 2, *fig.* 12 et 13.

C'est dans ces espèces de verre que l'on met en contact à froid les différens liquides dont on veut examiner l'action réciproque.

On doit les choisir d'un verre bien blanc et bien transparent. Il est nécessaire d'avoir dans un laboratoire deux ou trois douzaines de ces verres à pied.

Vessie. — On ne doit employer que des vessies bien dégraissées et sans fissures. On s'en sert ordinairement pour renfermer des gaz et les faire passer à travers des tubes de porcelaine ou de verre exposés à une température plus ou moins élevée. Lorsqu'on veut remplir une vessie de gaz, on en ficelle solidement le col sur la tige d'un robinet; ensuite on chasse, par la pression, presque tout l'air qu'elle contient, et on en aspire les dernières portions avec la bouche; cela étant fait, on visse le robinet qu'on y a adapté sur celui d'une cloche, *pl.* 1, *fig.* 24, placée sur la cuve à eau, et contenant le gaz dont on veut la remplir; alors on établit une communication entre la cloche et la vessie, en ouvrant les robinets de l'une et de l'autre; l'on enfonce peu-à-peu la cloche dans l'eau, et le gaz passe à mesure dans la vessie. On ne peut pas conserver de gaz dans les vessies, parce qu'elles sont perméables. Il serait sans doute possible de remédier à cet inconvénient en les enduisant d'un vernis de gomme élastique.

D'ailleurs les vessies peuvent être avantageusement remplacées par les bouteilles de caoutchouc dilatées de la manière indiquée, 4e vol., p. 312.

FIN DE LA DESCRIPTION DES APPAREILS.

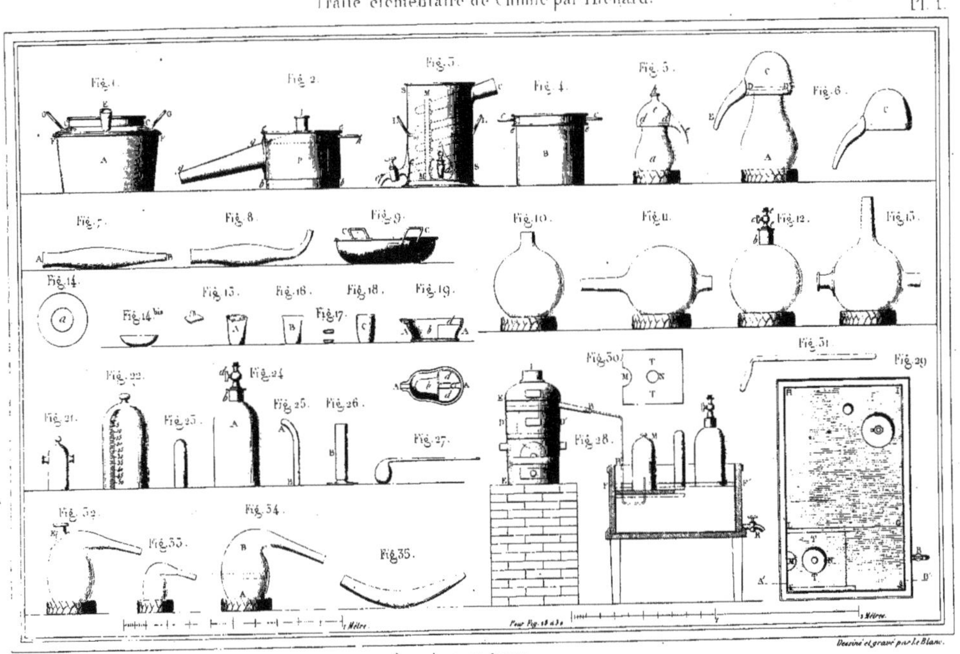

Fig. 1.
Fig. 2.
Fig. 3.
Fig. 4.
Fig. 5.
Fig. 6.
Fig. 7.
Fig. 8.
Fig. 9.
Fig. 10.
Fig. 11.
Fig. 12.
Fig. 13.
Fig. 14.
Fig. 14 bis.
Fig. 15.
Fig. 16.
Fig. 17.
Fig. 18.
Fig. 19.
Fig. 21.
Fig. 22.
Fig. 23.
Fig. 24.
Fig. 25.
Fig. 26.
Fig. 27.
Fig. 28.
Fig. 29.
Fig. 30.
Fig. 31.
Fig. 32.
Fig. 33.
Fig. 34.
Fig. 35.
1 Mètre.
Pour Fig. 28 à 31.
1 Mètre.

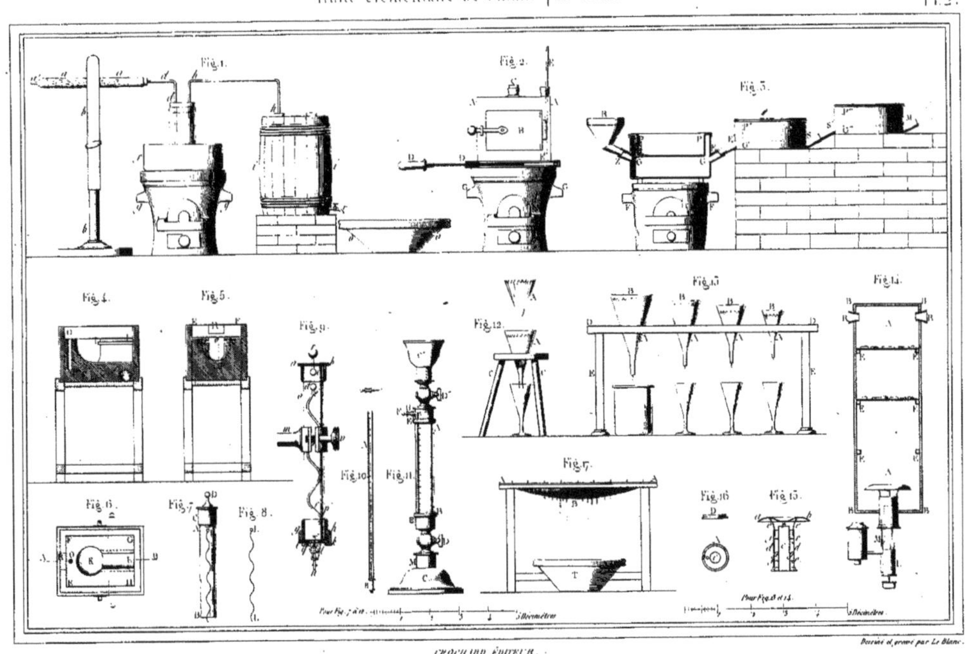
Fig. 1.
Fig. 2.
Fig. 3.
Fig. 4.
Fig. 5.
Fig. 6.
Fig. 7.
Fig. 8.
Fig. 9.
Fig. 10.
Fig. 11.
Fig. 12.
Fig. 13.
Fig. 14.
Fig. 15.
Fig. 16.
Fig. 17.

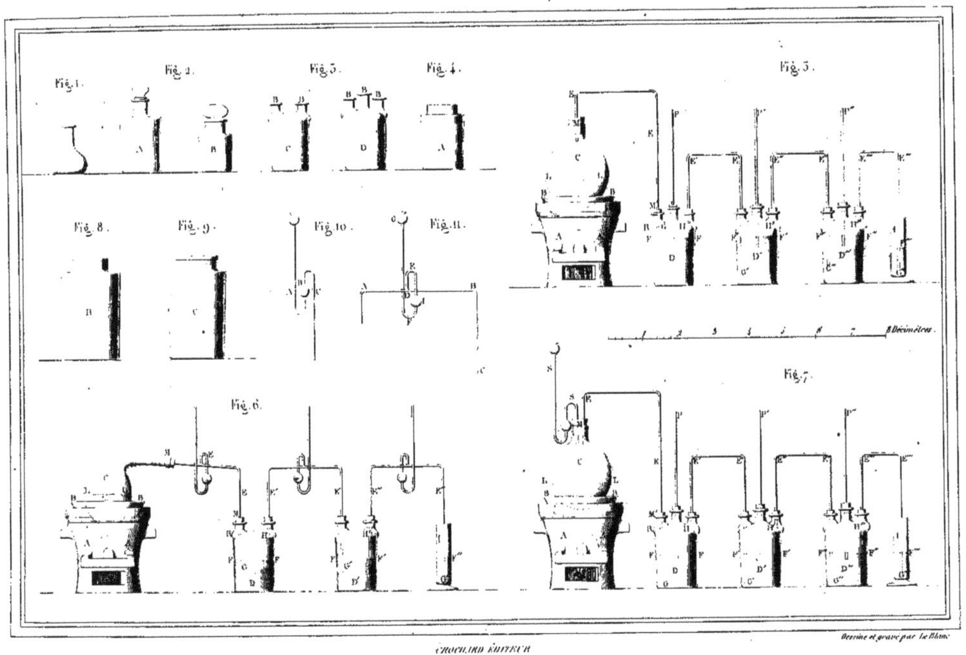

Pl. 4.

Fig. 4.
Fig. 1.
Fig. 2.
Fig. 3.
Fig. 8.
Fig. 5.
Fig. 6.
Fig. 7.
Fig. 14.
Fig. 15.
Fig. 16.
Fig. 17.
Fig. 18.
Fig. 9.
Fig. 10.
Fig. 11.
Fig. 12.
Fig. 13.
Pour Fig. 1 à 7.
Décimètre.
Pour Fig. 9 à 13.
Décimètre.
Pour Fig. 14 à 18.
Décimètre.

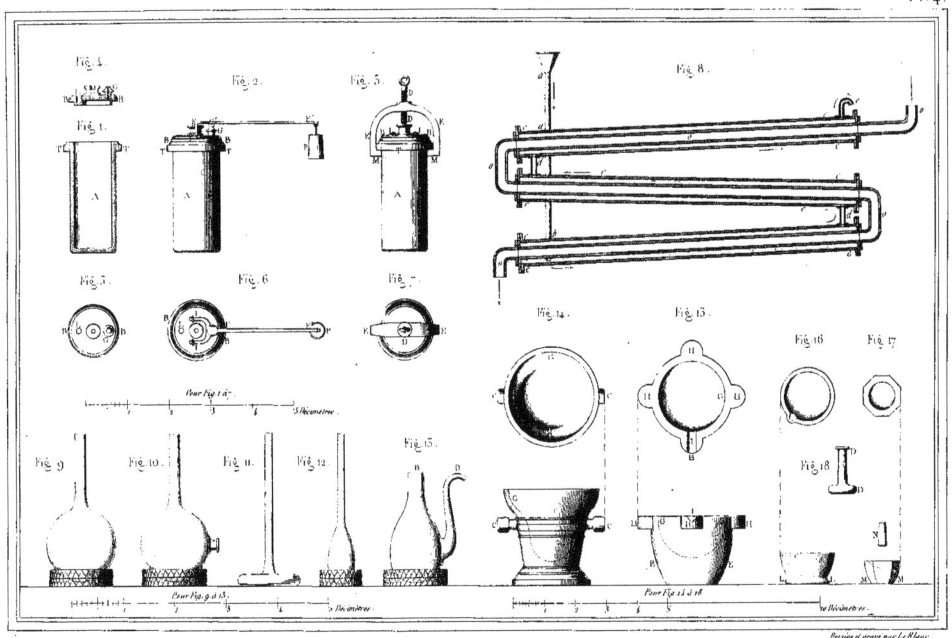

Pl. 5.

Fig. 1.
Fig. 2.
Fig. 3.
Fig. 4.
Fig. 5.
Fig. 6.
Fig. 7.
Fig. 8.
Fig. 9.
Fig. 10.
Fig. 11.
Fig. 12.
Fig. 13.
Fig. 14.
Fig. 15.
Fig. 16.
Fig. 17.
Fig. 18.
Fig. 19.
Fig. 20.
Fig. 21.
Fig. 22.
Fig. 23.

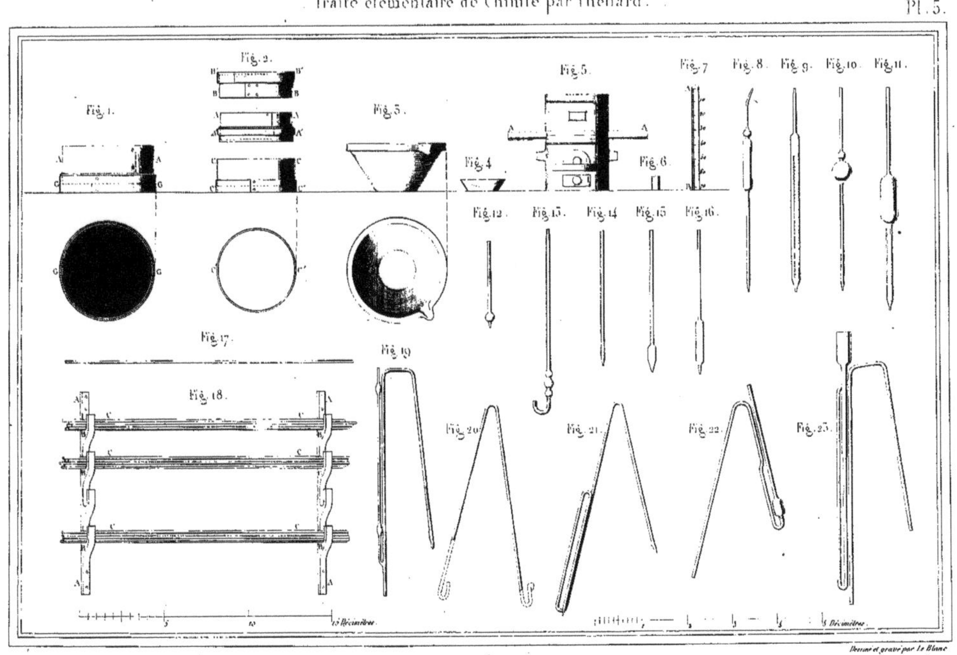

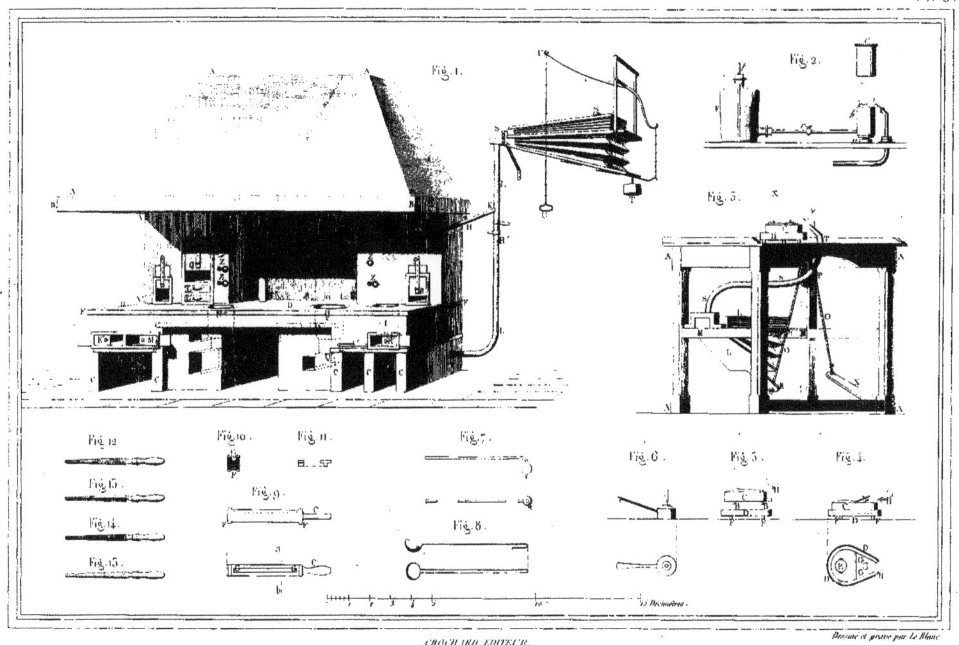

Fig. 1.
Fig. 2.
Fig. 3.
Fig. 12
Fig. 10.
Fig. 11.
Fig. 7.
Fig. 13.
Fig. 9.
Fig. 14.
Fig. 8.
Fig. 15.
Fig. 6.
Fig. 5.
Fig. 4.

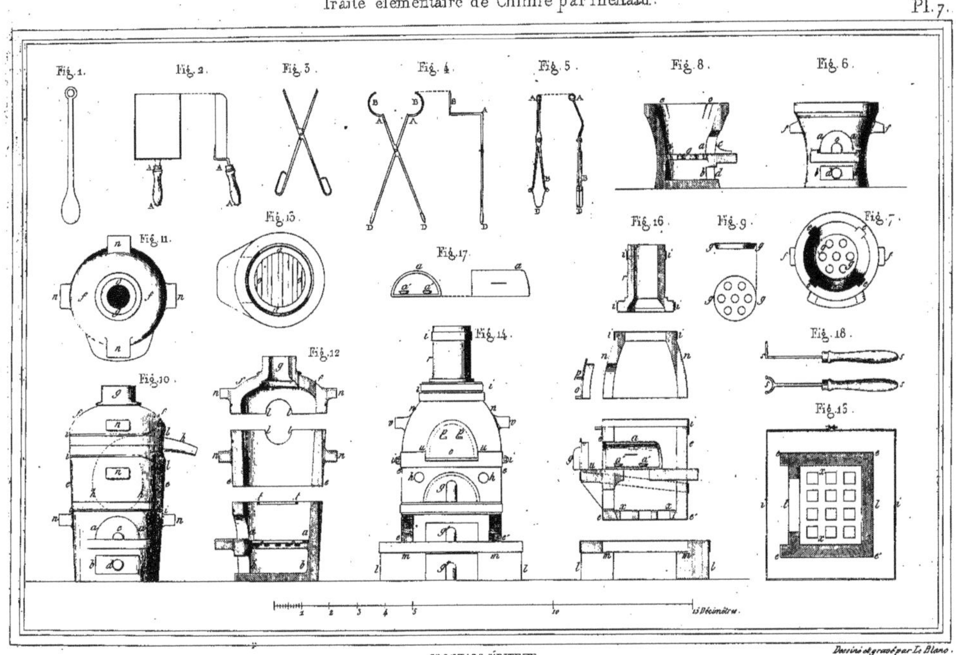

Fig. 1.
Fig. 2.
Fig. 3.
Fig. 4.
Fig. 5.
Fig. 8.
Fig. 6.
Fig. 11.
Fig. 13.
Fig. 16.
Fig. 9.
Fig. 7.
Fig. 17.
Fig. 18.
Fig. 12.
Fig. 14.
Fig. 10.
Fig. 15.

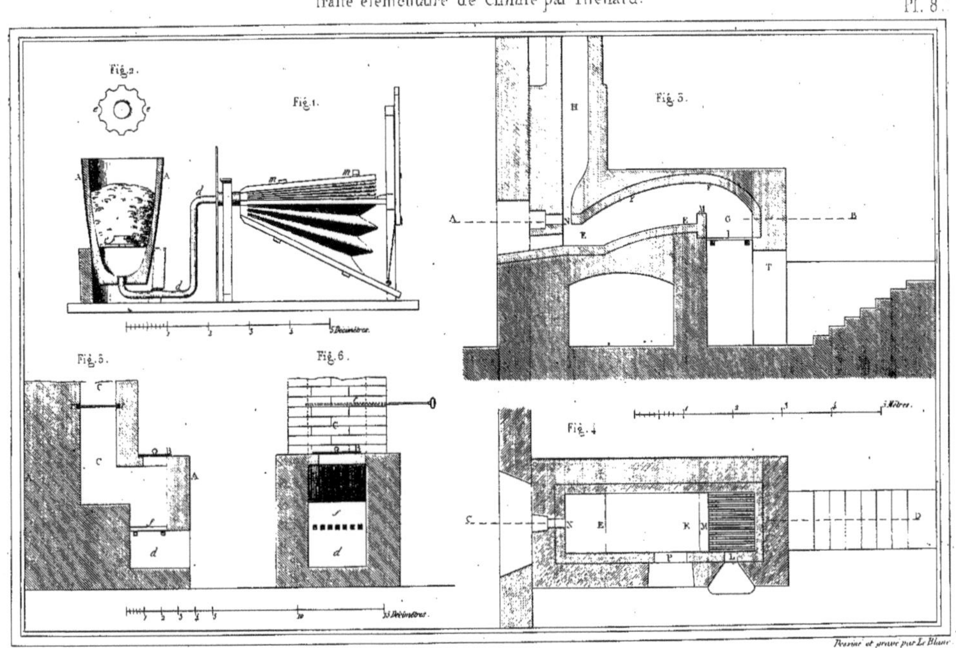

Fig. 2.
Fig. 1.
Fig. 3.
Fig. 5.
Fig. 6.
Fig. 4.

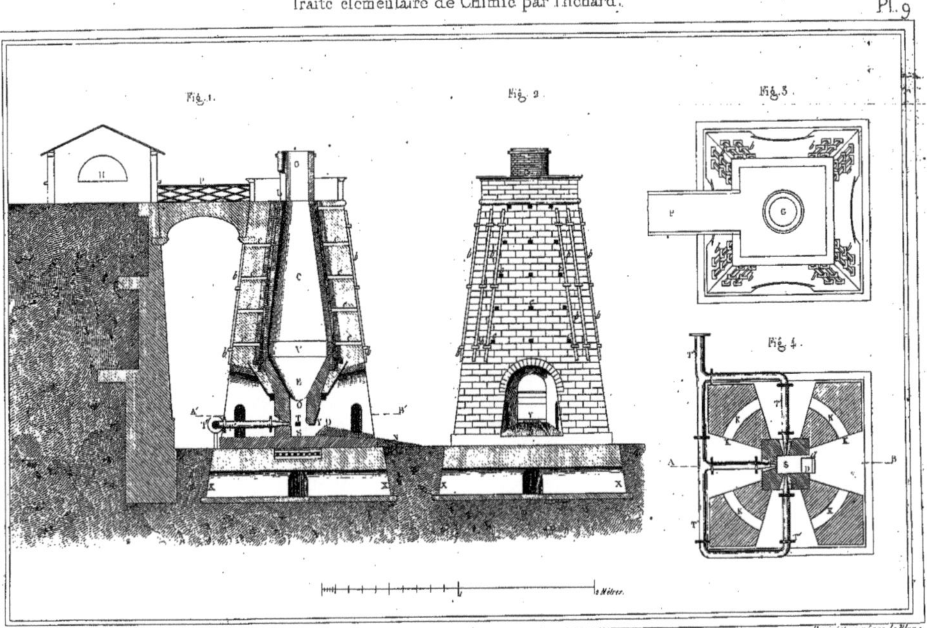
Fig. 1.
Fig. 2.
Fig. 3.
Fig. 4.
2 Mètres.

Pl. 9 bis

Fig. 1
Fig. 2
Fig. 3
Fig. 4
Fig. 5
Fig. 6
Pour Fig. 1, 2, 3.
Pour Fig. 4, 5, 6.
5 Mètres.
5 Mètres.

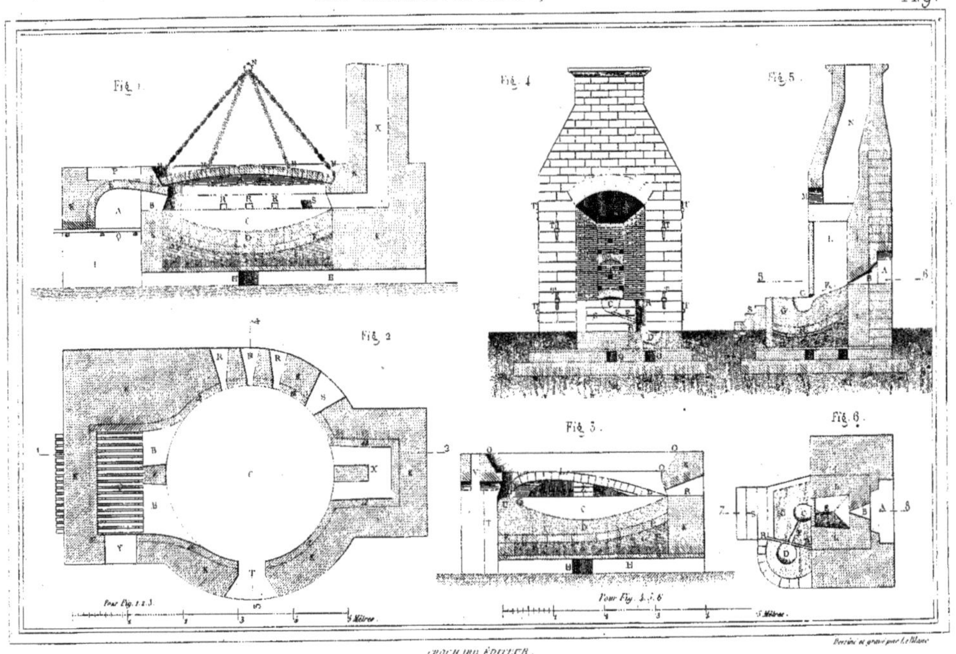

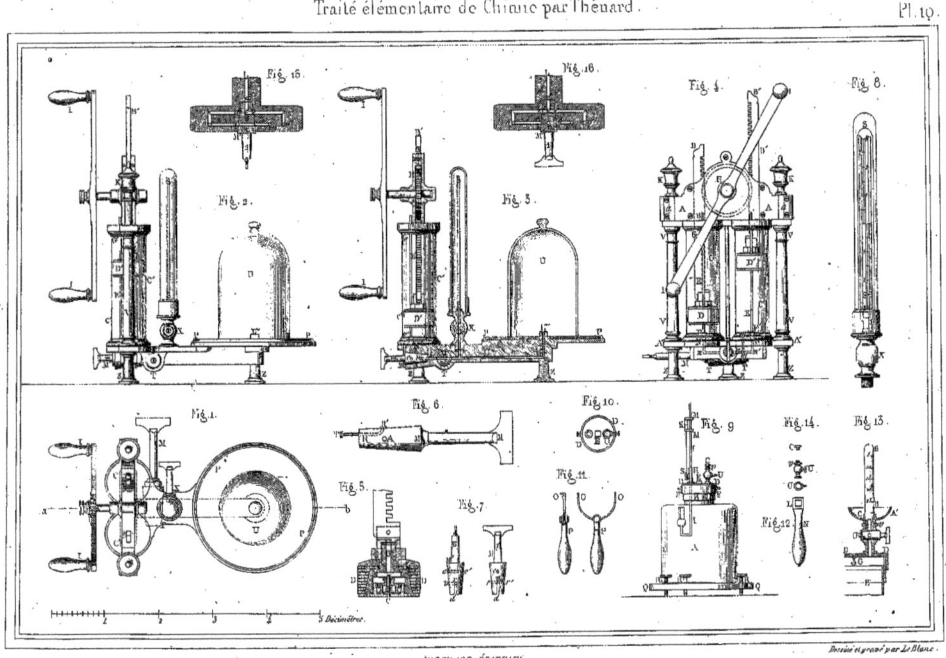
Fig. 15.
Fig. 16.
Fig. 4.
Fig. 8.
Fig. 2.
Fig. 3.
Fig. 1.
Fig. 6.
Fig. 10.
Fig. 9.
Fig. 14.
Fig. 13.
Fig. 5.
Fig. 11.
Fig. 7.
Fig. 12.
5 Décimètres.

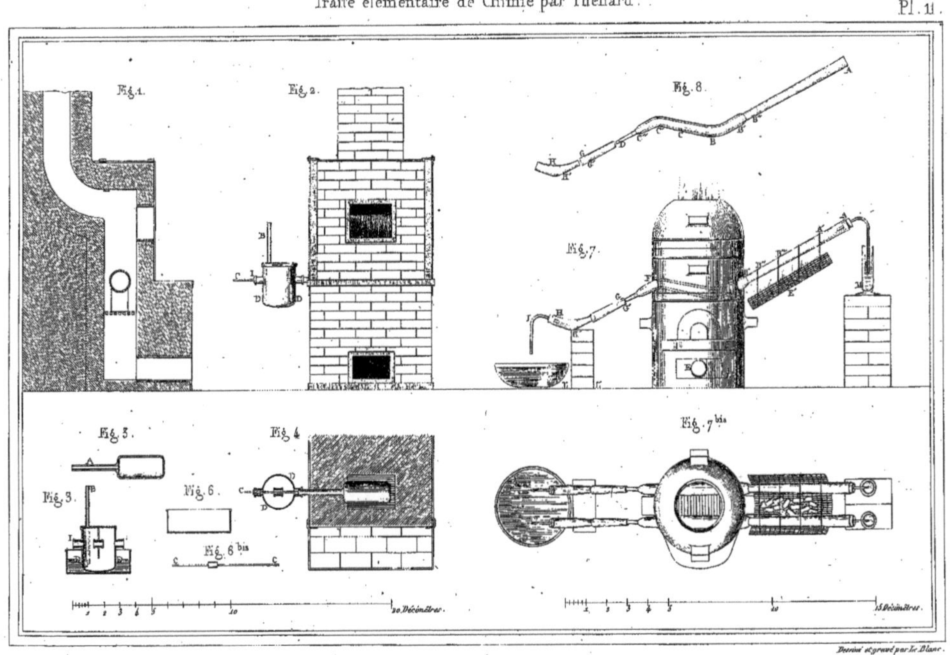
Fig. 1.
Fig. 2.
Fig. 3.
Fig. 3.
Fig. 4.
Fig. 6.
Fig. 6 bis
Fig. 7.
Fig. 7 bis
Fig. 8.
20 Décimètres.
15 Décimètres.

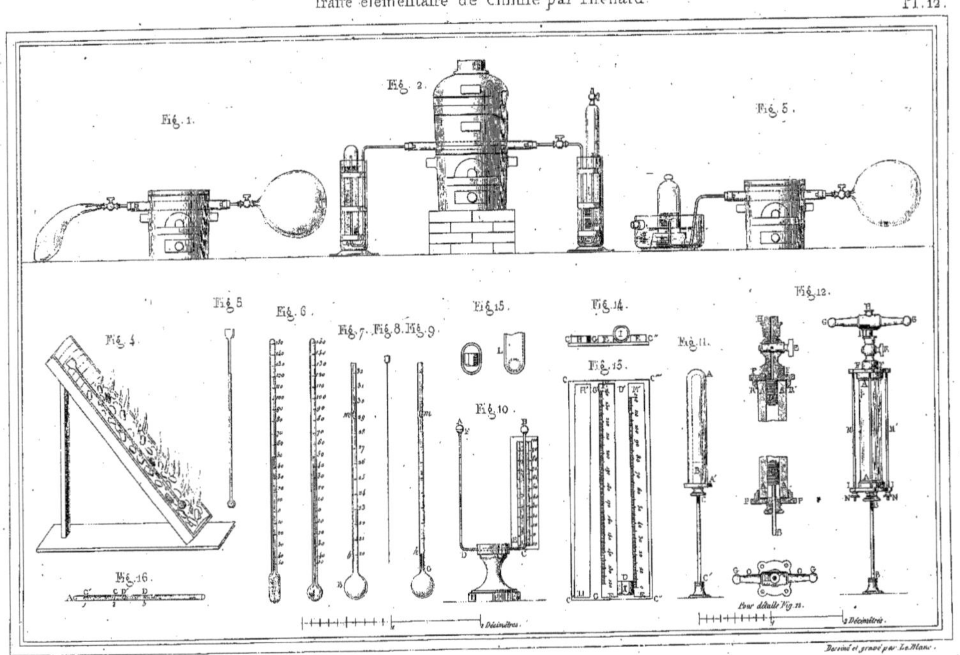

Dessiné et gravé par Le Blanc.

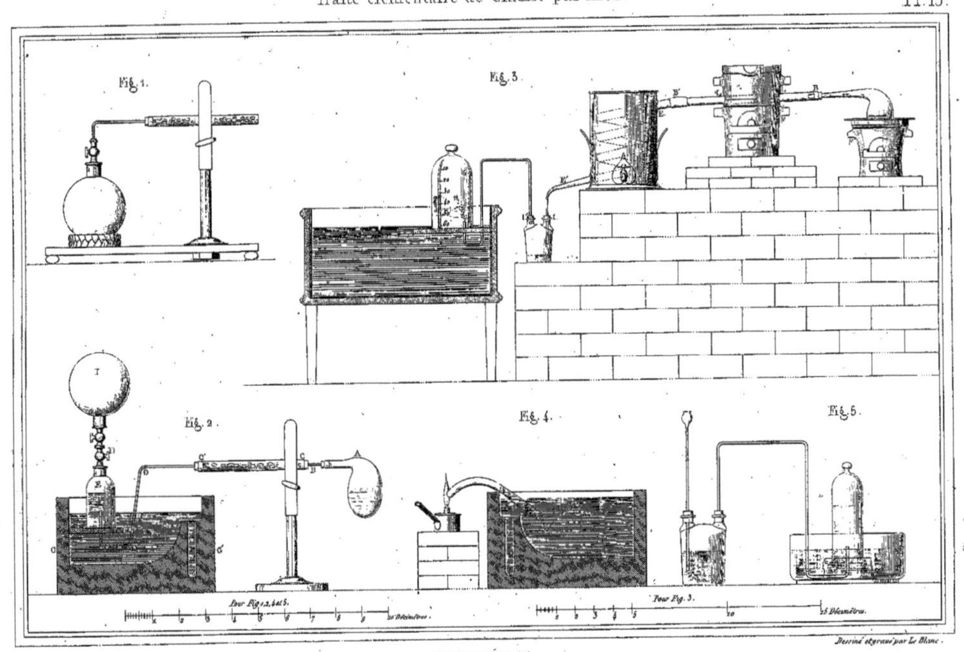

Dessiné et gravé par Le Blanc.

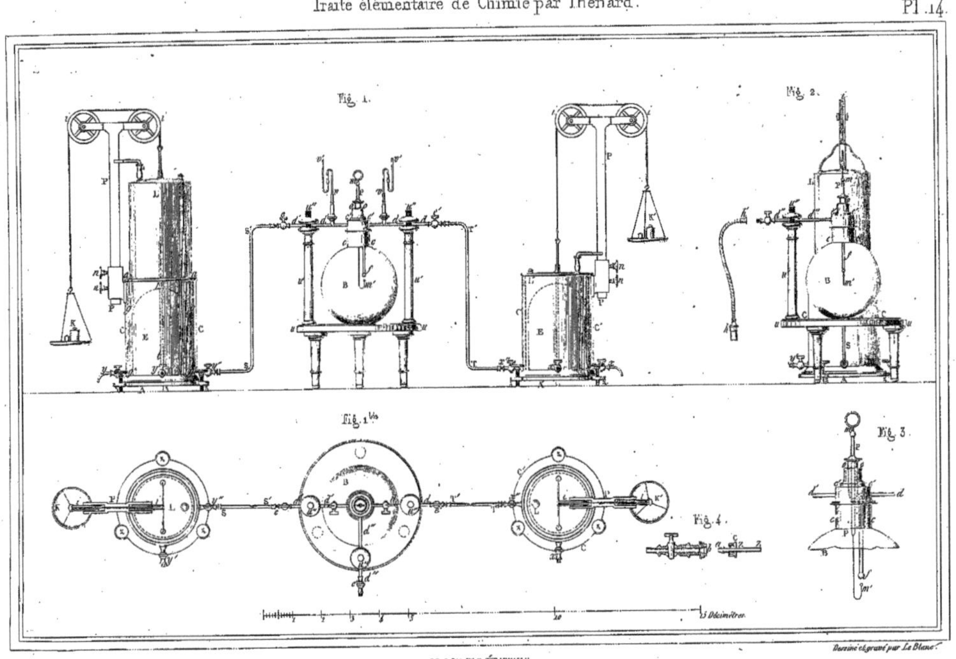

Fig. 1.
Fig. 2.
Fig. 1 bis.
Fig. 3
Fig. 4.
5 Décimètres.

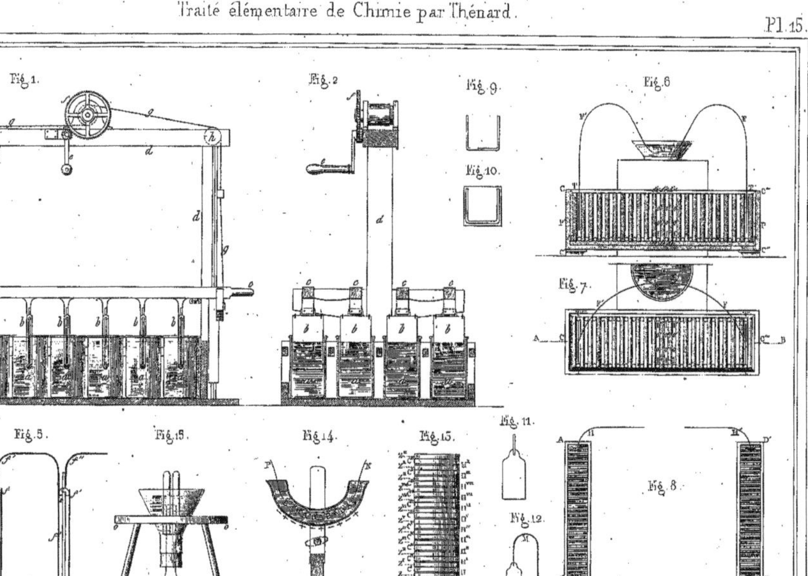

Fig. 1.
Fig. 2.
Fig. 9.
Fig. 10.
Fig. 6.
Fig. 7.
Fig. 3.
Fig. 4.
Fig. 5.
Fig. 13.
Fig. 14.
Fig. 15.
Fig. 11.
Fig. 12.
Fig. 8.
Pour Fig. 1 et 2.
10 Décimètres.

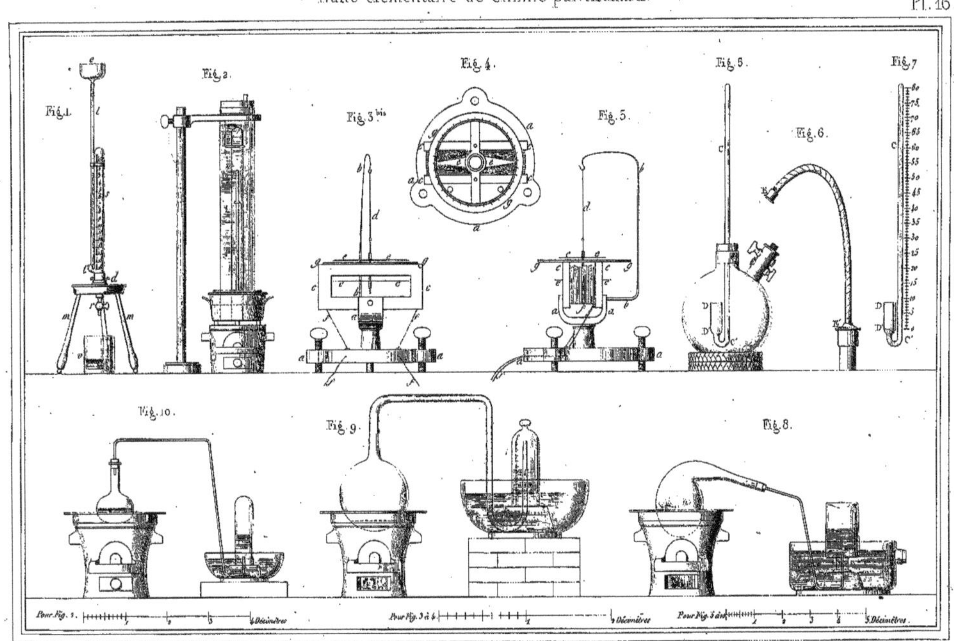

Dessiné et gravé par Le Blanc.

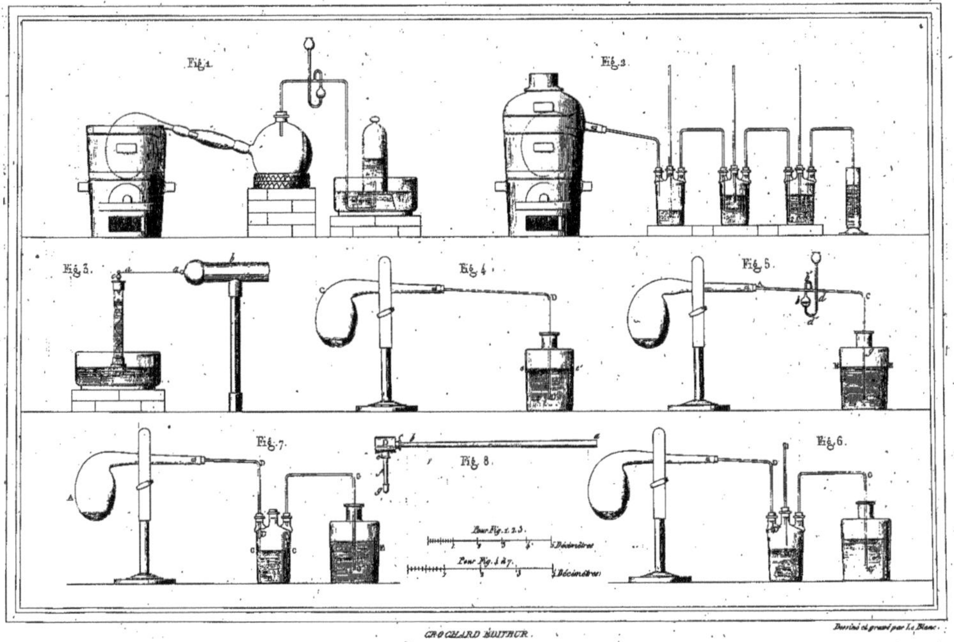

Pl. 17.

Fig. 1. Fig. 2. Fig. 3. Fig. 4. Fig. 5. Fig. 6. Fig. 7. Fig. 8.

Dessiné et gravé par Le Blanc.

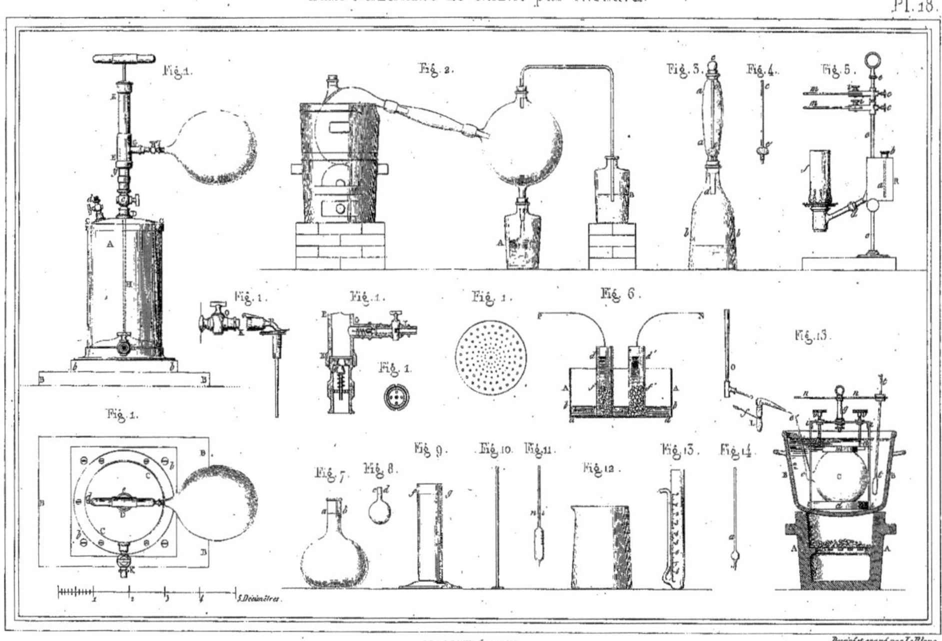

Pl. 18.
Fig. 1.
Fig. 2.
Fig. 3.
Fig. 4.
Fig. 5.
Fig. 1.
Fig. 1.
Fig. 1.
Fig. 6.
Fig. 13.
Fig. 1.
Fig. 1.
Fig. 7.
Fig. 8.
Fig. 9.
Fig. 10.
Fig. 11.
Fig. 12.
Fig. 13.
Fig. 14.
5 Décimètres.

Traité élémentaire de Chimie par Thénard.

Pl. 19.

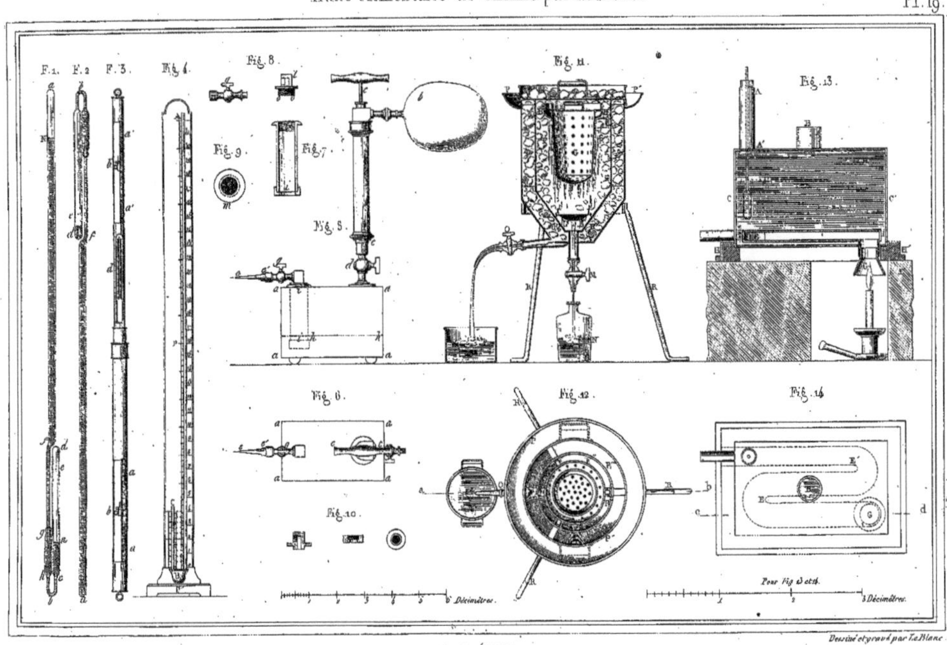

Dessiné et gravé par Le Blanc.

CHOUBARD ÉDITEUR.

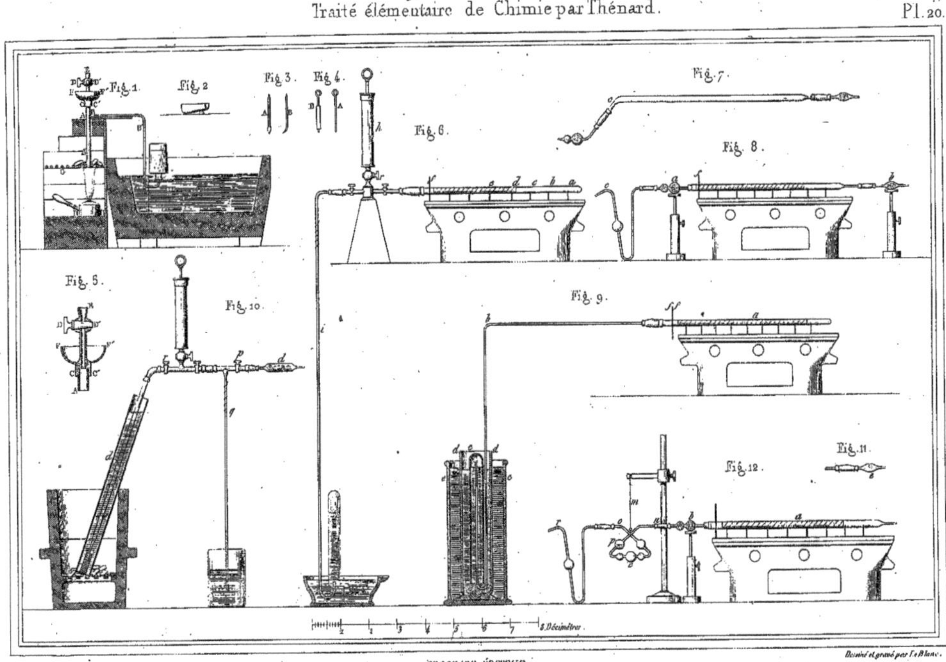

Fig. 1.
Fig. 2.
Fig. 3.
Fig. 4.
Fig. 7.
Fig. 6.
Fig. 8.
Fig. 5.
Fig. 10.
Fig. 9.
Fig. 12.
Fig. 11.
Décimètres.